Je fais fuir les escargots et les limaces !

Sofie Meys

Illustrations de Renate Alf

Avec un peu de chance elle va griller... !

Pour être tenu au courant de nos publications,
envoyez vos coordonnées à :
Éditions La Plage – 60, rue Monsieur-le-Prince – 75006 Paris
edition@laplage.fr
www.laplage.fr

© Éditions La Plage, Paris, 2013
© 2007: pala-verlag, Rheinstr. 35, 64283 Darmstadt
ISBN : 978-2-84221-328-2
Traduction : Valentine Morizot
Correction : Clémentine Bougrat
Mise en pages : Valérie Ferrer

Imprimé sur du papier offset recyclé, à Barcelone, sur les presses de
Beta (ES), imprimeur labellisé pour ses pratiques respectueuses de
l'environnement.

Sommaire

Vivre en paix avec
les limaces et les escargots

Rares sont les animaux de nos jardins que nous redoutons ou détestons autant que les limaces, que nous considérons d'une manière générale comme des nuisibles. Leurs invasions sans cesse plus massives nous gâchent même le plaisir de jardiner. Or trop souvent, nous ne faisons même pas de distinction entre les limaces et les escargots, et nous les accusons un peu vite de dévorer nos cultures – bizarrement, toujours les plantes auxquelles nous tenons le plus.

Le fait est que les limaces occasionnent souvent des dégâts considérables, et on ne peut que s'étonner de l'immense appétit de ces petites bêtes à l'apparence pourtant débonnaire. Elles sont capables d'anéantir en une nuit les rêves d'un jardinier. Beaucoup ont d'ailleurs jeté l'éponge et renoncé à se battre contre leurs ennemis, qui semblent toujours plus nombreuses, ou bien en arrivent, en dernier recours, à sortir l'arme chimique : le poison antilimaces. Celles qui n'y succombent pas sont vouées à une mort plus ou moins cruelle : elles se font déchiqueter, couper en deux, parfois occire à l'eau bouillante. Il existe même des jardiniers qui les saupoudrent de sel, les noient dans la bière ou les plongent dans l'acide chlorhydrique. Le massacre de mollusques, quelle que soit sa forme, semble avoir la cote, même auprès des jardiniers habituellement pacifiques.

Or si on ne laissait pas la situation se dégrader à ce point, on n'aurait pas à en venir à de telles extrémités.

Lorsqu'on se penche sur l'écologie de la faune et de la flore de nos jardins, on comprend vite que le problème des limaces n'est que le symptôme d'un déséquilibre. Il n'est donc possible d'en venir à bout qu'en rétablissant un équilibre biologique dans nos cultures.

Les mollusques aussi sont utiles

Rares sont les personnes qui savent que les limaces et les escargots ne sont pas uniquement des nuisibles et qu'ils jouent dans l'équilibre biologique du jardin un rôle qui ne doit pas être sous-estimé.

Les mollusques consomment des montagnes de matière biologique et fertilisent ainsi la terre. Jouant parfois le rôle de véritable commando de nettoyage, ils suppriment les vieux fruits pourris, comme les cerises ou les prunes, qui tombent par centaines sous nos arbres. Ils empêchent ainsi que des maladies ne se propagent de façon incontrôlée. Pour cette seule raison, aucun jardinier ne devrait vouloir éradiquer les mollusques de son verger.

Les mollusques jouent un rôle indispensable dans un jardin. Aussi, lorsqu'on les supprime, on bouleverse son équilibre biologique et on crée plus de problèmes que l'on ne croit en résoudre. Une invasion de limaces est un peu comme le symptôme d'une maladie : on ne peut y mettre fin qu'en prenant le mal à la racine. Dans notre cas, en rétablissant l'équilibre du jardin ; alors, les invasions cesseront d'elles-mêmes. Ainsi, au lieu de vouloir à tout prix éliminer les limaces, il faut commencer par définir de nouveaux objectifs. Et, qui sait, un jour peut-être, à la vue d'un mollusque, vous serez capable de ne plus voir que sa beauté. Vous saurez que vous n'avez devant vous qu'un ami utile à votre jardin, qui, certes, se permet de temps à autre de croquer un petit morceau de salade en échange de son travail, mais si rarement qu'on le remarque à peine.

Un rêve ? Ou une image qui vous fait froid dans le dos ?

Avant que vous ne refermiez ce livre et que vous l'oubliiez dans un coin, nous vous invitons à jeter un coup d'œil au-delà de la face baveuse de ces indésirables invertébrés et à étudier d'un peu plus près votre adversaire. Ensuite, c'est promis, vous trouverez un tas de conseils pour résoudre rapidement et durablement vos problèmes de mollusques.

Des mollusques qui valent de l'or

Depuis toujours, les mollusques occupent une place de taille dans l'art et le commerce. Leur beauté fascine l'homme, qu'il s'agisse de la régularité géométrique de la coquille des nautiles, ces habitants ancestraux des mers, ou encore de la forme en spirale des escargots de nos jardins. Les artistes, qui s'en inspirent régulièrement, les ont représentés dans quantité d'œuvres d'art.

Quant aux joailliers, ils s'émerveillent depuis des siècles des perles que leur offrent les huîtres et de la nacre qu'ils trouvent à l'intérieur des coquillages.

N'oublions pas les porcelaines, qui ont occupé une place centrale sur le continent africain puisque leur jolie coquille y a servi de monnaie pendant des centaines d'années. Ce n'est qu'au XXe siècle que cette dernière a été officiellement abolie. Le nom latin de ce coquillage, *Monetaria moneta*, évoque d'ailleurs cette époque.

Petite leçon de « molluscologie »

Après les arthropodes, les mollusques *(Mollusca)* constituent le deuxième plus grand embranchement du règne animal. Le terme « mollusque » dérive du latin *mollis* et du grec *malakos*, qui signifient « mou ». Quant à la science qui étudie les mollusques, elle ne s'appelle en réalité pas la molluscologie, mais la malacologie.

Dans l'embranchement des mollusques, on trouve notamment la classe des gastéropodes *(Gastropoda)*, qui comprend les limaces et les escargots, mais aussi celle des bivalves (moules, huîtres, etc.) ou encore les céphalopodes (pieuvres, sèches, calmars, etc.).

Les premiers fossiles de mollusques connus, qui datent du début du Cambrien, ont quelque six cents millions d'années.

À l'origine, tous les gastéropodes vivaient en milieu marin. Mais en quelques millions d'années, ils sont parvenus à coloniser presque tous les types d'habitat de la Terre. Grâce à l'adaptation et à la spécialisation, plus de 105 000 espèces de gastéropodes sont apparues. Aujourd'hui, environ 70 000 d'entre elles vivent dans les mers, 10 000 dans les eaux douces et 25 000 sur la terre ferme, dont 2 000 sur le continent européen.

À mesure que certains gastéropodes se sont adaptés à la vie terrestre, leurs branchies ont disparu et ont été remplacées par un poumon. Les pulmonés *(Pulmonata)* comprennent les gastéropodes terrestres, mais aussi quelques spécimens aquatiques. Ainsi, beaucoup de gastéropodes d'eau douce respirent avec un poumon. Ce sont par exemple la grande limnée *(Lymnaea stagnalis)* et la planorbe rouge *(Planorbarius corneus)*, que l'on rencontre dans les mares de nos jardins.

Les plus petits gastéropodes mesurent moins de un millimètre, tandis que les plus gros peuvent dépasser un mètre – incroyable, non ?

Des as de l'adaptation

À mesure de leur adaptation à de nouveaux milieux et régimes alimentaires, les gastéropodes ont évolué et développé des particularités permettant à chaque espèce de survivre dans son habitat.

○ Les gastéropodes marins venimeux, par exemple, tuent leurs proies avec une dent qui leur sert de harpon ; d'autres traquent des coquillages.

○ Contrairement à la majorité des gastéropodes, le bigorneau rude *(Littorina saxatilis)*, qui vit dans les eaux peu profondes de la mer du Nord et de l'Atlantique, ne pond pas d'œufs : il met au monde des petits déjà développés.

○ Certains gastéropodes ont perdu des facultés au fil de l'évolution. Ainsi, avec le temps, plusieurs espèces qui vivent sous terre ont perdu la vision car elles n'en avaient plus besoin dans leur nouvel habitat. C'est notamment le cas de l'aiguillette commune *(Cecilioides acicula)*.

○ La famille des *Oleacinidae*, qui vivent en milieu terrestre, regroupe de coriaces prédateurs. Grâce à leur odorat très développé, ces escargots pistent certaines de leurs proies jusque dans les arbres. Les espèces d'Europe se nourrissent essentiellement de petits escargots et limaces, de larves d'insectes et de vers de terre. Ces escargots saisissent leurs proies avec les dents de leur langue râpeuse *(radula)* et les avalent vivantes. Comme les vers de terre sont souvent plus longs qu'eux, il n'est pas rare qu'une extrémité d'un ver dépasse encore de leur bouche tandis que l'autre est déjà en train de se faire digérer. Lorsqu'ils poursuivent leur proie, ils ne reculent devant pas grand-chose – ils sont même capables de traverser un petit ruisseau.

○ L'escargot carnivore, ou euglandine *(Euglandina rosea)*, possède des lèvres très longues dont il se sert pour s'orienter. Son aire de répartition principale va de l'Amérique latine jusqu'au Sud-Est des États-Unis.

○ On trouve aussi en Europe des escargots carnivores, qui se nourrissent d'autres gastéropodes. C'est le cas du *Poiretia cornea*, qui est exclusivement présent dans le Bassin méditerranéen.

○ Certaines limaces de nos jardins de la famille des *Arionidae* vont parfois chercher leur nourriture jusque dans l'eau, où elles ne font toutefois qu'une rapide trempette. Elles n'ont manifestement pas oublié d'où elles viennent !

Les limaces et escargots
les plus courants dans nos jardins

Les espèces intéressantes – mais aussi problématiques – pour les jardiniers sont avant tout celles qui se sont habituées à vivre à proximité de l'être humain et qui le suivent jusque dans les jardins et les parcs auxquels il accorde tous ses soins. Synanthropes, ces espèces profitent des interventions humaines dans la nature. Que nous retournions un champ, plantions des monocultures ou formions un tas de compost, nous leur offrons sans le savoir un nid douillet et une table toujours bien garnie.

Vous trouverez dans les pages qui suivent des informations sur les limaces et les escargots que l'on rencontre le plus fréquemment dans nos jardins et que tout jardinier se doit de connaître, car un jardinier averti en vaut deux !

Les limaces de la famille des *Arionidae*

La limace rouge *(Arion rufus)* et la limace noire *(Arion ater)*

Est-ce un hasard si limace rime avec vorace ? En tout cas, rien qu'à sa vue, la plupart des jardiniers tressaillent en imaginant les dégâts qu'ils ne vont pas tarder à découvrir.

La famille des *Arionidae* comprend notamment la limace rouge, grande limace rouge ou encore loche rouge, ainsi que la limace noire ou loche noire. Toutes deux ne font pas vraiment partie des meilleurs amis du jardinier. Ces petits ravageurs visqueux et brillants, qui mesurent environ deux centimètres de large et jusqu'à quinze centimètres de long, passent en effet pour les plus voraces de toutes les limaces. À juste titre ? C'est ce que nous allons voir.

Ces deux limaces peuvent présenter diverses couleurs allant de l'orange au noir. Ces différences tiennent à des facteurs externes comme l'alimentation ou le climat. La limace rouge est généralement dans les tons rouges, mais pas toujours. Quant à la limace noire, surtout présente dans les régions du Nord de l'Europe centrale, elle est en règle générale de couleur foncée.

En moyenne, ces deux espèces mesurent environ huit centimètres de long.

Comme tous les autres gastéropodes dont il est question dans ce livre, la limace rouge et la limace noire sont hermaphrodites. Autrement dit, tous les individus sont en mesure de pondre des œufs. En Europe, l'accouplement se fait en septembre. On découvre les pontes à partir d'octobre dans des trous du sol, ainsi que sous des planches, des pierres ou des feuillages. Elles peuvent compter jusqu'à deux cents œufs. La majorité éclot aux premières journées douces du printemps suivant. Les jeunes limaces, de couleur blanchâtre et qui mesurent moins de un centimètre à la naissance, partent aussitôt en quête de nourriture et grandissent très vite. Elles atteignent le stade adulte vers le mois de juillet. La limace rouge et la limace noire peuvent parcourir de vingt à vingt-cinq mètres en une nuit. Elles ne donnent vie qu'à une seule génération par an. Leur espérance de vie est en général de un été, mais il arrive que certains adultes hibernent.

La loche méridionale *(Arion lusitanicus)*

Comme son nom l'indique, cette espèce de limaces est originaire du Sud de l'Europe, avant tout du Portugal. Elle s'est vraisemblablement répandue en Europe dans les années 1960, à la faveur du transport de fruits et légumes. Depuis, elle ne cesse de gagner du terrain. On en a même vu jusque dans le Sud de la Laponie !

Extérieurement, une fois adulte, la loche méridionale ne se différencie guère de la limace rouge et de la limace noire. De couleur rouge, brune ou encore gris-vert, elle est facile à confondre avec l'*Arion rufus*. On peut toutefois la reconnaître aux rayures souvent – mais pas toujours – présentes sur ses flancs. Par ailleurs, les jeunes individus portent des rayures de couleur gris-brun orangé, tandis que les petites limaces rouges et limaces noires, elles, sont d'une couleur blanchâtre unie. Notre limace venue du sud se comporte de façon dominatrice avec ses cousines locales. Elle résiste bien mieux qu'elles à la sécheresse et semble épargnée

par bon nombre de leurs prédateurs naturels, sans doute du fait de son mucus très épais et de son goût amer.

Sa progression commence à préoccuper quantité de jardiniers, mais aussi de biologistes spécialisés dans l'étude des limaces. L'équilibre écologique semble en passe de se rompre. Certains se demandent même si la loche méridionale n'est pas responsable du fait que de nombreuses rencontres entre des limaces et des hommes prennent désormais une tournure fatale – pour les limaces, bien entendu !

Qu'à cela ne tienne, la loche méridionale continue de mettre au monde une progéniture nombreuse. Trois à cinq semaines après l'accouplement, qui a lieu entre début août et fin septembre, elle pond jusqu'à quatre cents œufs d'un blanc crayeux dans des crevasses ou des trous du sol. Certains éclosent avant l'arrivée de l'hiver, les autres au printemps suivant, entre mars et avril.

La limace des jardins *(Arion hortensis)*

Bien plus petite que les trois espèces que nous venons de présenter, la limace des jardins mesure en moyenne trois à quatre centimètres de long. Avec un corps de couleur noire, elle est reconnaissable à son pied orange vif et ses rayures latérales légèrement plus claires. Cette limace est un gastéropode synanthrope répandu dans toute l'Europe. Elle vit de préférence sous la surface de la terre, où elle se nourrit de graines, de racines et de bulbes. À partir de l'automne, on la voit de plus en plus souvent au-dessus de la surface, où elle consomme des déchets de végétaux fanés. Les végétaux frais, eux, ne l'intéressent guère.

Contrairement à la limace rouge et à la limace noire, la limace des jardins est une créature sédentaire qui vit généralement à l'intérieur d'un périmètre très limité.

Son cycle de vie est intéressant. Peu sensible au froid, elle pond jusqu'à quatre-vingts œufs translucides, gros comme des têtes d'épingles, une fois l'hiver venu, en novembre ou en décembre. Les œufs éclosent relativement tard, à partir de mai. Les jeunes limaces cherchent leur nourriture au petit matin, lorsque le jour n'est pas encore complètement levé, le plus souvent sous terre. Avec leur couleur sombre qui leur sert de camouflage, elles sont on ne peut mieux adaptées à leur environnement. La limace des jardins engendre une génération par an.

La limace rouge, la limace noire, la loche méridionale et la limace des jardins appartiennent à la même famille, celle des *Arionidae*.

Les limaces de la famille des *Limacidae*

La petite limace grise *(Deroceras reticulatum)* et la limace agreste *(Deroceras agreste)*

Lorsqu'il pleut subitement après une longue période sèche et que le lendemain matin, on découvre avec stupeur des plates-bandes dont il ne reste rien, il n'y a aucun doute à avoir sur l'identité des coupables.

À la vue d'une petite limace qui se promène paisiblement, un sentiment d'impuissance saisit le jardinier innocent. Il se frotte le menton, songeur, et se demande comment une seule limace a bien pu dévorer tout cela. Mais où se cachent les autres ?

Ce qu'il ne sait pas, sans doute, c'est que tout un monde de limaces grouille juste sous ses pieds, à l'abri des regards. Car à une profondeur pouvant atteindre trente centimètres vit la petite limace grise, extrêmement agile, d'une couleur brun clair à gris clair qui lui sert de camouflage. Cette petite créature élancée, qui présente des stries sur le dessus de la partie caudale, peut mesurer jusqu'à cinq centimètres de long. Elle passe la plupart de son temps dans la zone sombre et humide située juste sous la surface de la terre. Là, elle se cache dans les trous du sol et se nourrit de racines et de débris de végétaux morts. Mais gare lorsqu'il pleut brusquement ! L'humidité qui reste à la surface de la terre attire par légions cette petite ravageuse qui se jette sur les jeunes plants autant que sur les végétaux adultes. Son péché mignon, ce sont les fleurs, les boutons et les bourgeons tendres. Et pour arriver à ses fins, il n'est pas rare qu'elle entreprenne de périlleuses excursions jusque dans les hauteurs de nos jardins et de nos champs.

Comme son nom le suggère, la limace agreste, elle, ne s'invite pas uniquement dans nos jardins, elle aime également festoyer dans les champs. Les limaces agrestes, avant tout celles de la deuxième génération, qui apparaît après un hiver ou un printemps doux, se jettent sur les cultures hivernales comme le colza ou le blé d'hiver et occasionnent de sérieux dégâts. L'accouplement se fait en plein été, mais ces limaces ne pondent généralement pas avant novembre. Très peu sensibles au froid, elles se promènent encore dans nos cultures à des températures frisant zéro. Les larves sont presque transparentes et ne mesurent que quelques millimètres ; elles sont par conséquent difficilement visibles à l'œil nu. C'est en avril ou en mai qu'elles sortent d'œufs mesurant de un à deux millimètres pour aller vivre principalement sous la surface de la terre, où elles se délectent de racines, de tubercules et de bulbes. Si vous retrouvez des pommes de terre à moitié évidées, des trous ronds dans un jeune chou-rave ou des fraises, le plus souvent, c'est que la limace agreste est passée par là.

La petite limace grise et la limace agreste appartiennent à la famille des *Limacidae*. Ses membres se caractérisent entre autres par leur orifice respiratoire (ou pneumostome) placé sur la moitié arrière du manteau (la surface lisse, légèrement surélevée, située sur le dos d'une limace, juste derrière la tête), ainsi que par une partie caudale arrondie, qui commence au milieu du dos et qui porte des stries. Chez les *Arionidae*, l'orifice respiratoire se trouve nettement avant le milieu du manteau.

La limace léopard *(Limax maximus)*

Il est rare de croiser le chemin de la limace léopard dans nos jardins. Comme son nom l'indique, elle se caractérise par une robe tachetée rappelant celle du léopard. Mais elle répond également aux noms de (grande) limace cendrée et de grande loche grise.

C'est l'une des plus grandes de nos limaces, puisqu'elle mesure en moyenne douze à quatorze centimètres et qu'elle peut même atteindre vingt centimètres.

Elle vit volontiers dans les tas de compost. Mais elle habite aussi les caves et les sous-sols qui servent d'espace de stockage.

Tout bon jardinier devrait se réjouir à la vue de la limace léopard, car si elle peut vivre jusqu'à trois ans, elle ne nous honore que très rarement d'une apparition. Au jardin, elle n'entraîne que très peu de dégâts, puisqu'elle se nourrit principalement de végétaux morts et de fruits tombés. Parfois cependant, il peut lui arriver de jeter son dévolu sur des racines, des tubercules et des champignons.

Son accouplement est tout aussi étonnant que les motifs de sa robe. De fait, la limace léopard adulte, qui pèse son poids, grimpe au sommet de plantes assez élevées pour se laisser ensuite pendre au bout d'un fil qu'elle a elle-même fabriqué avec du mucus. Ainsi suspendue dans le vide, la limace est-elle mieux protégée de ses prédateurs ? Ou bien ces acrobaties apportent-elles à l'accouplement un petit quelque-chose de plus ? La question mériterait d'être débattue. Toujours est-il que l'homme s'en est sans doute inspiré lorsqu'il a imaginé le saut à l'élastique pour se jeter de ponts ou de tours.

À l'automne, la limace léopard cache ses œufs translucides dans des fentes ou des trous dans le sol. Chaque adulte peut en pondre jusqu'à trois cents.

Les escargots de la famille des *Helicidae*

L'escargot de Bourgogne *(Helix pomatia)*

Est-ce que ce sont les escargots qui ont donné à l'être humain l'idée de bâtir des maisons et d'y habiter ? Mystère. Reste qu'un animal qui porte sa maison sur le dos a quelque chose de singulier. Et les escargots fascinaient vraisemblablement déjà nos ancêtres.

Aussi a-t-on du mal à comprendre que certaines personnes puissent les chasser et les écrabouiller d'un coup de pied simplement parce qu'elles ont découvert quelques feuilles grignotées sur leurs plates-bandes.

L'escargot de Bourgogne est également appelé « gros blanc », du fait de sa couleur claire. En France, il fait l'objet d'une protection spéciale : son ramassage est interdit pendant la période de reproduction, d'avril à juin ; de juillet à mars, il est autorisé, sauf pour les individus de moins de trois centimètres. Il fait par ailleurs partie des espèces sauvages menacées d'extinction protégées par la Convention de Washington (CITES).

Les escargots de Bourgogne figurent à la carte de nombreux restaurants. Et pour beaucoup de gourmets, ce sont des mets recherchés. Les escargots destinés à la consommation humaine proviennent en général d'élevages (héliciculture). Le petit-gris *(Helix aspersa)*, un peu moins gros, est également très apprécié dans la cuisine française. L'homme consommait probablement déjà des escargots à l'âge de pierre. C'est en tout cas ce que suggèrent les tas de coquilles retrouvés dans des amas de déchets datant de cette époque. Des fouilles ont par ailleurs révélé que les légions romaines emportaient des escargots avec elles. Ainsi, grâce aux conquêtes romaines, l'escargot de Bourgogne, originaire du Sud de l'Europe, a pu coloniser des régions du Nord du continent. Au Moyen Âge, on pense qu'il était principalement consommé pendant les périodes de disette. Du reste, comme l'escargot n'est pas considéré comme de la viande, sa consommation est autorisée même pendant le carême.

La coquille de l'escargot de Bourgogne peut atteindre un diamètre de cinq centimètres. Chacune est unique et constitue un petit chef-d'œuvre de la nature !

Évidemment, l'escargot de Bourgogne ne vit pas qu'en Bourgogne. On le rencontre partout où le sol contient beaucoup de calcaire (carbonate de calcium), dont il a besoin pour fabriquer sa coquille, qui en est constituée à 98 %. Il se nourrit de végétaux flétris ou frais. Et même s'il plante de temps à autre une quenotte dans nos jeunes choux, il est plus utile à nos jardins qu'il ne leur nuit. Sachez que l'escargot de Bourgogne se comporte en animal dominant, avant tout sur les sols très calcaires, et qu'il parvient souvent à chasser les autres espèces de mollusques de son territoire. Il contribue ainsi grandement à ce que les autres mollusques qui vivent dans nos jardins ne se multiplient pas outre mesure.

C'est dans les végétaux qu'ils consomment que les escargots trouvent le calcaire dont ils ont besoin. Celui-ci est ensuite sécrété sous forme de purée par des glandes qui se trouvent sur le bord du manteau ; il se cristallise alors très rapidement et vient prolonger la coquille. Des glandes spéciales produisent simultanément des pigments qui donnent à la coquille des couleurs et des motifs variés.

La paroi intérieure de la coquille forme un fuseau à l'extrémité duquel est fixé un muscle. C'est grâce à lui qu'en cas de danger ou de sécheresse, l'escargot peut se retirer dans sa coquille.

Le mucus qui, en cas de sécheresse prolongée, se solidifie pour former une pellicule translucide, permet de fermer hermétiquement la coquille. L'escargot de Bourgogne est ainsi protégé pendant les périodes de sécheresse : il ne perd pas d'humidité et ne risque pas de se dessécher. Il est donc parfaitement adapté à la vie en milieu sec. Au début de l'hiver, il obstrue entièrement l'ouverture de sa coquille avec un opercule dur composé de calcaire. Il passe ensuite la saison froide dans un endroit abrité, légèrement sous la surface de la terre. Il est même capable de s'enterrer tout seul – les limaces, en revanche, ne peuvent pas creuser un trou dans la terre.

L'escargot géant africain

Nombreuses sont les régions du monde où les escargots sont considérés comme des mets délicats. Originaire d'Afrique, comme son nom l'indique, l'escargot géant africain *(Achatina fulica)* est un gastéropode terrestre dont la coquille peut atteindre quinze centimètres de long. Il est aujourd'hui principalement consommé en Asie. Hélas, cette espèce est une plaie pour l'agriculture : partout où elle a été introduite, elle a aussitôt provoqué de sérieux dégâts et même chassé les espèces indigènes de leur habitat.

Depuis que l'on a découvert son prédateur naturel, l'escargot *Gonaxis kibweziensis*, et que l'on favorise son développement, on est parvenu dans certaines régions à juguler ce fléau.

Les œufs de l'escargot géant africain, également appelé « achatine », mesurent jusqu'à deux centimètres de diamètre ; ils peuvent de ce fait facilement être confondus avec des petits œufs d'oiseaux. Les individus adultes, qui vivent jusqu'à dix ans, peuvent mettre au monde un million cent mille petits.

L'escargot de Bourgogne a de plus l'étonnante capacité de réparer sa coquille, même lorsqu'elle est sérieusement abîmée. Il a probablement développé cette faculté à un stade assez tardif de son évolution : les escargots marins sont capables de réparer leur coquille lorsqu'elle présente un défaut relativement léger. Les escargots de Bourgogne, eux, savent même reboucher un trou !

La durée de vie moyenne de l'escargot de Bourgogne varie entre deux et cinq ans. Dans des conditions favorables, il peut vivre jusqu'à dix ans et, exceptionnellement, quelques années de plus. Cela peut paraître incroyable, mais en captivité, en étant bien soignés, certains escargots de Bourgogne sont même parvenus à l'âge canonique de 19 ans !

Au moment de la ponte, en juillet ou en août, chaque individu creuse un trou dans la terre meuble pour y déposer des œufs, en se servant de son pied comme d'une bande de transport. Il pond dans ce trou jusqu'à soixante œufs de la taille d'un petit pois. Au bout d'une trentaine de jours, de tout petits escargots en sortent, pleinement développés, avec sur le dos une minuscule coquille à moitié transparente – à croquer !

L'escargot des jardins *(Cepaea hortensis)* et l'escargot des bois *(Cepaea nemoralis)*

Ces deux cousins ont des coquilles toutes différentes les unes des autres. Aussi les enfants adorent-ils les collectionner.

Avec des coquilles dans les tons jaunes, marron ou ocre, tantôt d'une seule couleur, tantôt multicolores, et parfois marquées d'épaisses bandes noires, l'escargot des bois et celui des jardins sont les deux espèces d'escargots les plus communes dans nos jardins. Pour les différencier, observez la bordure de leur coquille : elle est claire chez l'escargot des jardins et foncée chez l'escargot des bois.

Comme l'escargot de Bourgogne, ces deux espèces font partie de la famille des *Helicidae*. Mais leur jolie coquille n'a en moyenne qu'un diamètre de un à deux centimètres.

Lorsqu'ils partent en quête de nourriture, ils n'hésitent pas à grimper sur les arbustes et les arbres. Ils se nourrissent de feuilles et de fruits, et il peut parfois leur arriver de goûter à nos baies ou à nos jeunes légumes. Mais ils ne font rien de pire. En cas de forte chaleur, de même qu'en hiver, ils se retirent dans leur petite coquille. En été, ils dorment quand le temps est trop sec ; on voit alors souvent des coquilles fermées, accrochées à des branches ou des troncs d'arbres.

Ces deux espèces, qui peuvent vivre plusieurs années, pondent en été. Quelques semaines plus tard naissent des escargots minuscules, d'environ deux millimètres de long, mais complètement formés.

La vie dans les hauteurs

Il ne faut pas confondre ces deux espèces avec l'hélicelle, qui possède une coquille le plus souvent brun clair. L'hélicelle se reconnaît relativement facilement à son corps noir. Elle passe le plus clair de son temps dans les arbres, mais on la rencontre également dans les buissons ou les herbes des prairies.

L'hélicelle possède une petite coquille aplatie, avec un fond clair et des bandes foncées. Les deux espèces les plus courantes en Europe sont l'hélicelle trompette *(Helicella itala)* et l'hélicelle plane *(Xerolenta obvia)*. Ces escargots s'installent dans des zones sèches comme les dunes. Même au plus chaud de l'été, on voit leurs coquilles accrochées en petits groupes à des tiges, des troncs ou des bâtiments. Vision étonnante, ils se rassemblent souvent en grand nombre ; il n'est pas rare qu'ils se regroupent par centaines, collés les uns contre les autres, pour passer les heures chaudes et sèches de la journée dans leur coquille, qu'ils ferment alors avec une fine pellicule de mucus.

Si vous tombez sur une coquille toute petite, en forme de disque, c'est celle d'une espèce baptisée soucoupe commune *(Helicigona lapicida)*.

Morphologie

Les *Arionidae* et les escargots de Bourgogne sont parfaits pour étudier la morphologie des gastéropodes.

Tous les mollusques, donc tous les escargots et toutes les limaces, se caractérisent par un corps formé d'un pied et d'un manteau. Le pied leur sert à se déplacer, tandis que le manteau forme une couche d'épiderme protectrice sur le dos.

Les escargots et les limaces semblent avancer comme s'ils étaient tirés par une force invisible : lentement mais sûrement, ils glissent en utilisant l'ensemble de leur pied. Un escargot de Bourgogne peut parcourir de deux mètres cinquante à quatre mètres cinquante en l'espace de une heure.

Si l'on pose un escargot sur une vitre transparente, on peut observer ses mouvements de reptation par en dessous : on voit alors des vagues qui traversent la sole pédieuse. Elles sont générées par deux ensembles de fibres musculaires transversales. En outre, par un effet de ventouse, l'escargot se fixe fermement à son support – c'est ainsi qu'il peut se déplacer sur des murs verticaux et même sur des plafonds, la tête en bas.

Une glande située tout à l'avant du pied sécrète en continu du mucus ; l'escargot glisse en permanence sur ce mucus et n'est donc jamais directement en contact avec le sol. C'est notamment ce qui explique qu'un escargot puisse se déplacer sur une lame de rasoir sans se couper.

Le mucus de l'escargot possède des propriétés hygroscopiques, c'est-à-dire qu'il est capable d'absorber l'humidité environnante. Toutefois, comme il est composé à 98 % d'eau, sa sécrétion entraîne une perte d'eau continue pour l'escargot. Lorsque l'environnement ou le support sur lequel il se déplace est sec, ou que le support absorbe l'humidité, l'escargot perd davantage d'eau. Ainsi, il risque en permanence de se déshydrater. C'est la raison principale pour laquelle il se déplace de préférence la nuit ou par temps de pluie.

La teinture pourpre

Dans la Rome antique, les sénateurs se distinguaient de leurs concitoyens ordinaires notamment par la couleur pourpre de leur robe. Si cette teinture était onéreuse, cela tenait principalement au fait qu'elle était très difficile à produire : pour teindre une fine bande de tissu, il fallait des milliers de mollusques de l'espèce *Bolinus brandaris*, dont une petite glande produisait la teinture. Ce coquillage aurait sans doute fini par s'éteindre si les êtres humains ne s'étaient pas mis un jour à fabriquer de la teinture synthétique, pour le plus grand bonheur des hommes et des coquillages !

Le corps des limaces, qui est grossièrement plissé, présente sur la partie avant ce que l'on appelle le manteau : une zone de peau beaucoup plus fine où se trouve l'orifice respiratoire. Ce dernier est situé sur la droite – et chez les limaces de la famille des *Arionidae*, sur la moitié avant du manteau. Le manteau est un vestige de la coquille, comme le prouve la présence à cet endroit de couches de calcaire sous la peau.

Les escargots et les limaces possèdent deux paires de tentacules, également appelés « antennes » ou « cornes » dans le langage courant. À l'extrémité de la longue paire supérieure de tentacules se trouvent les yeux. Au moindre contact, les tentacules se rétractent pour les protéger. La paire inférieure de tentacules, plus courts, sert d'organe tactile et olfactif.

Les gastéropodes pulmonés inspirent de l'air chargé d'oxygène par l'orifice respiratoire. Dans le poumon, l'air chargé de dioxyde de carbone est échangé contre de l'air frais grâce à un réseau de vaisseaux sanguins. À noter que les gastéropodes pulmonés sont également capables de respirer par la peau.

Un sac contient les viscères : le rein, l'estomac, le cœur, le foie ainsi que les appareils digestif et reproductif. Chez les escargots, ce sac se situe dans la coquille ; chez les limaces, il est dans la longue bande située sur le dessus du dos.

Alimentation

Tout le monde reconnaît les traces de morsure que laisse un escargot ou une limace sur une plante. Mais regardons d'un peu plus près à quoi ressemble sa bouche.

L'escargot commence par découper un morceau de feuille avec sa mâchoire supérieure, en forme de corne, qui est fixe. Ensuite, il avance sa langue charnue et très mobile, fixée sur la mâchoire inférieure. Cette langue, que l'on appelle « radula », est pourvue de milliers de petites dents inclinées vers l'arrière.

La *radula*, qui fonctionne de façon similaire à une pelleteuse, est un organe spécifique à certains mollusques. Elle leur permet de râper la nourriture en minuscules morceaux et de mélanger cette purée avec de la salive. La nourriture descend ensuite dans le gosier, puis jusque dans l'estomac. Les parties d'aliments qui n'ont pas été digérées seront par la suite évacuées par l'anus, situé entre le bord du manteau et le pied.

Les espèces d'escargots et de limaces que l'on rencontre dans nos jardins sont majoritairement herbivores. Certaines d'entre elles, comme la limace léopard, se nourrissent également de champignons. D'autres, comme la limace rouge et la limace noire, ne dédaignent pas non plus les animaux morts ou les excréments. On en voit souvent en train de faire bombance de cadavres d'escargots et de limaces ; mieux vaut donc retirer les mollusques morts lorsque vous en voyez dans votre jardin.

Perception

Beaucoup de personnes prennent les limaces et les escargots pour des créatures lourdes et maladroites, et elles se demandent comment ils parviennent à survivre dans un monde où le danger les guette à tous les coins de jardin.

Il est vrai que les limaces et les escargots suivent leur chemin tranquillement, sans hâte, tandis qu'autour d'eux, la vie en effervescence tourbillonne à un rythme effréné.

Et pourtant, ils s'en sortent très bien. Leur capacité de perception extrêmement fine, qui leur permet de réagir au mieux à leur environnement, n'y est peut-être pas pour rien.

Faisons une pause, oublions un instant nos obligations et l'agitation qui nous entoure, et sortons au jardin pour observer un escargot lors de sa lente promenade. Par temps couvert et pluvieux, nous n'aurons pas à attendre bien longtemps avant d'en apercevoir un.

Commençons par nous pencher sur ses deux paires de tentacules. Avant de se mettre en mouvement, un escargot étire ces organes pareils à des antennes en direction de son environnement. Les longs tentacules supérieurs lui permettent de percevoir les contrastes lumineux. Ils se terminent par une paire d'yeux. Contrairement à celles des vertébrés, les cellules des yeux des gastéropodes qui sont sensibles à la lumière sont directement dirigées vers la source lumineuse.

La paire inférieure de tentacules, plus petits, permet la perception tactile, olfactive et gustative. Lorsque l'escargot – ou la limace – rencontre un obstacle, il le tâte d'abord avec moult précautions. Et si le contact est trop brutal, il rétracte ses tentacules. Leur extrémité contient un grand nombre de récepteurs tactiles et chimiques. Un système nerveux rudimentaire, composé de ganglions et de nerfs, transmet les stimuli perçus aux différents organes du corps.

L'odorat de nos gastéropodes, très développé, leur permet de détecter de la nourriture à une distance pouvant atteindre cent mètres !

Outre l'odorat, le sens du goût est capital pour les escargots et les limaces. Ils sentent et goûtent non seulement avec leurs tentacules et leurs lèvres, mais aussi et surtout avec l'ensemble de leur corps. Des recherches menées sur les escargots de Bourgogne ont montré qu'ils possèdent des cellules olfactives et gustatives éparpillées sur la totalité du corps.

La perception de leur position est également vitale. Ce sens leur permet de connaître leur positionnement dans l'espace. Si l'on met par exemple un escargot de Bourgogne sur le dos, il parviendra à un moment ou un autre, grâce à ce sens, à retrouver une position horizontale normale.

Mais comment ce sens fonctionne-t-il ? De chaque côté du gosier de l'escargot se trouvent deux petites poches remplies de liquide, les statocystes. Dans ce liquide flottent des cristaux de calcium (statolithes). Lorsque ces derniers changent de position, cela stimule des cellules sensorielles spécialisées qui donnent à l'escargot des informations précises sur sa position dans l'espace.

Reproduction

Nous savons que les gastéropodes de nos jardins sont hermaphrodites – autrement dit, chaque individu possède à la fois des organes génitaux masculins et féminins, lesquels produisent des spermatozoïdes et des ovules. Les espèces hermaphrodites ont pour avantage, par rapport aux espèces unisexuées, de mettre au monde deux fois plus de descendants.

Pendant l'accouplement, les limaces et les escargots se trouvent dans leur phase mâle ; ils échangent leurs spermatozoïdes. À la fin de l'accouplement, qui dure généralement plusieurs heures, commence la phase femelle, au cours de laquelle les œufs fécondés sont en maturation.

Mais dans tout cela, comment deux partenaires font-ils pour se choisir ? Afin d'éviter l'accouplement d'individus d'espèces différentes, des parades nuptiales complexes, spécifiques à chaque espèce, ont été élaborées au fil de l'évolution. Ces suites de mouvements caractéristiques sont extrêmement différentes. L'escargot des jardins et l'escargot des bois commencent par se lécher abondamment puis, comme l'escargot de Bourgogne, ils s'enfoncent mutuellement une sorte de dard en calcaire dans le corps. Ce dard sert à stimuler le partenaire pour qu'il sécrète du sperme. Le plus souvent, il tombe sur le sol après l'accouplement.

Quant aux limaces, elles s'accouplent dans une étreinte particulièrement baveuse. En plein été, on voit souvent des couples étroitement enlacés dans l'herbe humide, posés au milieu d'un nid fait de mucus blanc.

Les œufs, protégés par une coquille de calcaire, sont pondus dans un endroit humide, généralement dans le sol ou sous un tas de feuilles – l'escargot de Bourgogne a la particularité de creuser un trou dans la terre meuble pour y déposer sa ponte. Les œufs éclosent quelques semaines plus tard pour donner naissance à des petits entièrement développés.

Les ennemis naturels des limaces et escargots

Chouchoutez les prédateurs dans votre jardin !

Observons un instant les animaux qui peuplent nos jardins. On y trouve des herbivores, des carnivores et de nombreuses espèces, comme le merle, qui se nourrissent à la fois de végétaux et d'animaux.

Pour que se crée un équilibre biologique, mieux vaut que votre jardin héberge autant d'espèces animales et végétales que possible. Il sera ainsi difficile pour une espèce d'envahir l'espace.

Si une année, votre jardin présente vraiment beaucoup de pucerons par exemple, et si un grand nombre d'oiseaux y vivent, ces derniers contribueront naturellement à les éliminer. Les petites perturbations qui risquent d'affecter cet équilibre se résolvent en bonne partie d'elles-mêmes. Les problèmes plus importants résultent généralement d'une intervention humaine. Par exemple, les oisillons morts que l'on retrouve parfois dans les nichoirs ont été victimes soit d'une vague de froid printanière, soit – le plus souvent – de nourriture empoisonnée : leurs parents leur ont sans doute donné à manger des pucerons sur lesquels on avait pulvérisé de l'insecticide.

Lorsqu'on interfère dans l'équilibre de la nature, il faut absolument prendre les plus grandes précautions. Dans la majorité des cas, les interventions lourdes, comme l'utilisation de pesticides, sont inopportunes.

Fions-nous plutôt à la force de la nature, et aidons-la en favorisant la vie d'une grande diversité d'animaux et de végétaux dans nos petits coins de verdure. C'est d'ailleurs beaucoup plus simple qu'on ne le croit. Notre représentation faussée de ce que doit être un jardin agréable et bien soigné est souvent la difficulté majeure à laquelle on se heurte lorsqu'on souhaite cultiver un jardin naturel et biologique.

Personne ne veut d'un champ de mauvaises herbes sous sa fenêtre, et c'est très bien. Les jardins naturels aussi peuvent avoir une apparence soignée ; la vraie différence est qu'ils possèdent une faune et une flore équilibrées. Loin d'être chaotiques, ils sont soigneusement structurés, avec un grand nombre d'habitats

différents. Les coins sauvages colonisés par les orties ne doivent pas nécessairement s'étaler aux yeux de tous, à deux pas de la maison. Et les tas de bois mort peuvent aussi être empilés comme il faut.

Il est vain d'espérer que les oiseaux viennent décimer les limaces de votre potager si vous ne leur proposez pas des abris où se réfugier, par exemple des arbustes épais.

Comme nous l'avons déjà dit, beaucoup d'espèces de limaces et d'escargots sont synanthropes. Autrement dit, elles profitent des interventions de l'homme dans la nature. Or, nombreux sont les jardins où, du fait de l'intervention humaine, règnent des conditions de vie paradisiaques pour les limaces. En plus d'une table bien garnie et d'une multitude d'endroits où s'abriter, elles profitent de l'absence de leurs prédateurs naturels pour festoyer et se multiplier.

Les prédateurs

Jetons un coup d'œil aux espèces animales qui se nourrissent spécifiquement de limaces, d'escargots et de leurs œufs, et voyons comment nous pourrions leur proposer des habitats douillets pour qu'ils se sentent bien dans nos jardins et qu'ils y régulent naturellement les populations de gastéropodes. Les limaces et les escargots figurent au menu d'un nombre impressionnant d'espèces !

Les principaux prédateurs dans nos jardins

Espèces	Menu (entre autres)	Habitats favoris
Amphibiens (grenouilles, crapauds, tritons)	Limaces et escargots (surtout les jeunes)	Mares, tas de pierres
Reptiles (sauriens, serpents)	Limaces et escargots, et leurs œufs	Murs de pierres sèches, tas de pierres
Insectes (vers luisants, carabes, *Silphidae*, hémiptères)	Limaces et escargots, (surtout les jeunes), et leurs œufs	Murs de pierres sèches, vieux bois, paillis, plantes sauvages, compost
Araignées (faucheux, pisaures)	Limaces et escargots, (surtout les jeunes) et leurs œufs	Murs de pierres sèches, vieux bois, paillis, plantes sauvages, compost

Espèces	Menu (entre autres)	Habitats favoris
Escargots	Parfois des œufs de gastéropodes	Zones sauvages, haies, sols au pH supérieur à six
Musaraignes	Limaces et escargots	Tas de feuilles et de bois mort, haies
Hérissons	Limaces et escargots	Tas de feuilles et de bois mort, feuilles sous les haies, abris à hérissons
Taupes	Limaces et escargots	
Oiseaux (surtout les grives, merles, étourneaux, pies, sittelles, corneilles)	Limaces et escargots, et leurs œufs	Haies pour les oiseaux, nichoirs, bosquets d'arbres fruitiers

Les escargots

Beaucoup sont surpris d'apprendre que certains escargots aident à lutter contre les limaces ; ils le seront encore plus de lire que certaines espèces, certes plutôt rares, suffisent souvent à contenir leurs populations. De fait, l'escargot de Bourgogne *(Helix pomatia)* se comporte de façon très dominante vis-à-vis de ses cousines sans coquille, et ce avant tout sur les sols riches en calcaire. En cas d'invasion de limaces, un apport en calcaire (farine d'algues, poudre de roche) peut donc être utile. Et pour que les conditions soient idéales pour vos hôtes bourguignons, le pH du sol doit être compris entre six et sept.

On dit aussi que de temps à autre, les escargots se mettent sous la dent quelques œufs de limaces. Raison de plus pour leur offrir des conditions de vie favorables et renoncer aux granulés de poison antilimaces, qui les enverraient eux aussi *ad patres*.

Les grenouilles et crapauds

Si les amphibiens vivent avant tout dans et à proximité immédiate des mares, il est bon de leur offrir aussi un environnement propice aux alentours des plans d'eau. Pendant la journée, les crapauds aiment aller se cacher dans les fentes d'un mur ou dans des petits coins humides, au milieu d'un tas de bois ou de pierres.

Les grenouilles, qui chassent souvent sur terre, apprécient tout refuge humide et sûr : tas de bois mort et de brindilles, pierres ou encore hautes herbes épaisses.

En échange d'un bon gîte, les grenouilles et les crapauds dévoreront vos limaces et vos escargots (surtout les jeunes), et vous aiderons ainsi à limiter l'arrivée d'une nouvelle génération de mollusques.

Les oiseaux

Pour bon nombre d'espèces d'oiseaux, les limaces et les escargots sont des gourmandises qui apportent un peu de fantaisie au menu. Pour consommer une limace adulte, le merle la pique avec son bec jusqu'à ce qu'il l'ait débarrassée de sa bave. Il a moins de difficultés avec des jeunes individus ou des œufs.

Les grives, les merles, les étourneaux, les pies, les corneilles, les sittelles et les mouettes ont un vrai faible pour les limaces et les escargots, mais de nombreuses autres espèces de nos régions ne dédaignent pas les mollusques et leurs œufs.

Les insectes et araignées

On pourrait évaluer l'équilibre biologique d'un jardin au nombre d'espèces d'insectes qui y vivent.

Les insectes ont besoin d'un habitat composé de broussailles, de vieux bois, de déchets végétaux, de vieux feuillages, etc.

Il n'y a rien de mieux pour eux qu'un petit coin de jardin en désordre. Pour leur aménager un véritable paradis, faites des tas de divers matériaux comme du bois, des pierres, des brindilles ou des feuillages. Cerise sur le gâteau, installez votre tas de compost à deux pas.

Les faucheux et les araignées-loups, dont le corps est recouvert de poils noirs, ne feront qu'une bouchée de vos mollusques, qui succomberont avant même d'avoir le temps de sécréter du mucus pour se protéger. Les larves des mouches de la famille des *Sciomyzidae* croquent elles aussi les petits gastéropodes en une seule bouchée.

Les carabes *(Carabidae)*, les hémiptères *(Hemiptera)* et les chilopodes *(Chilopoda)* raffolent des œufs de gastéropodes. Leurs larves ainsi que celles des vers luisants sont de redoutables prédateurs. Elles chassent souvent les limaces et les escargots encore jeunes et déciment leurs populations – le plus souvent à notre insu.

Malheureusement, on ne crée pas du jour au lendemain un équilibre harmonieux entre les animaux auxiliaires et ceux que nous jugeons nuisibles. Il faut un peu de patience !

Les hérissons

On dit que le hérisson est un grand mangeur de limaces et d'escargots. Or, des études menées sur le contenu de son estomac ont montré qu'il est avant tout insectivore et qu'il se nourrit principalement de carabes ainsi que de leurs larves, de chenilles de papillons de nuit, de vers de terre et de perce-oreilles. Il apprécie également les chilopodes et les mille-pattes, les larves de cousins, les cloportes, les fourmis, les araignées, les abeilles et les guêpes. Aussi les escargots et les limaces ne représentent-ils que 6 %, en volume, de son alimentation.

Mais le hérisson n'en joue pas moins un rôle important dans l'équilibre de votre jardin, aussi devriez-vous laisser à sa disposition des abris comme des tas de branchages, de brindilles et de feuilles. Avec son alimentation variée, il empêche qu'une espèce ou l'autre ne prenne le dessus dans un jardin.

Aménager des habitats pour les prédateurs

Des tas de bois mort et de brindilles

Tout jardin a ses déchets de taille, qu'il s'agisse de branches épaisses ou de branchages plus légers. Formez-en des tas et vous ferez d'une pierre deux coups : vous donnerez un coup de pouce à des animaux utiles comme le hérisson, la musaraigne, la pisaure, les coléoptères et les oiseaux, et vous utiliserez vos déchets verts de façon utile. De tels tas de branchages « avalent » les déchets à un rythme impressionnant. Au bout de quelque temps, votre tas aura considérablement rétréci et vous pourrez ajouter une brouette de vieilles branches.

Avec un peu de chance, elle va griller...

Mieux vaut diriger les extrémités épaisses des branches vers le centre des tas pour éviter de s'y accrocher en passant à côté.

Choisissez pour vos tas de branchages un endroit abrité, à côté d'une haie ou sous des arbres. Au lieu de faire un gros monticule rond, vous pouvez entasser vos branches en longueur pour former un muret aussi étendu que vous le souhaitez. Si sa vue ne vous plaît pas, mettez en place devant lui une fine bande de plantes qui supportent l'ombre. Pour faire « disparaître » un tas, rien de tel que le lierre, mais des plantes à fleurs comme les campanules, les compagnons blancs, les carottes sauvages ou encore les *Torilis* feront également parfaitement l'affaire. Vous trouverez en magasins spécialisés des mélanges de graines pour sols mi-ombragés.

Une mare

Tout jardin qui se respecte devrait avoir un point d'eau, quel qu'il soit. Quantité d'animaux, comme le hérisson, préfèrent consommer les limaces et les escargots après les avoir plongés dans l'eau, ou du moins rincés avec un peu d'eau.

Les habitats du type zone humide se rencontrent de nos jours très rarement sous forme naturelle. Pourtant, leurs habitants d'origine possèdent d'excellentes capacités d'adaptation.

Ils s'installent volontiers dans les plans d'eau artificiels de tous types, et la proximité immédiate des hommes ne leur pose généralement aucun problème. Même une toute petite mare attirera les crapauds et les grenouilles, connus pour faire partie des grands chasseurs de mollusques. Notez que si le but est d'attirer ces amphibiens, vous devrez renoncer à installer des poissons d'agrément dans votre mare. Côté plantes, préférez les espèces locales à celles exotiques. Et pour une bonne qualité de l'eau, n'oubliez pas les escargots d'eau douce et les plantes aquatiques telles que le cornifle immergé *(Ceratophyllum demersum)*, l'hottonie des marais *(Hottonia palustris)*, le myriophylle à épis *(Myriophyllum spicatum)* et l'utriculaire commune *(Utricularia vulgaris)*.

Des murs de pierres sèches et des tas de pierres

Si vous souhaitez construire un mur de pierres sèches dans votre jardin, commencez par choisir un endroit adapté, dans l'idéal orienté est-ouest. Procurez-vous des pierres naturelles locales en quantité suffisante. Vous trouverez des pierres bon marché dans les carrières. S'il n'y en a pas dans votre région, adressez-vous à un magasin spécialisé dans la vente de pierres naturelles. Prévoyez également une base et des matériaux de remplissage : gravier, cailloux, gravats, vieilles briques et vieilles tuiles.

Pour favoriser l'installation d'espèces animales diversifiées, laissez des espaces vides à l'intérieur du mur ainsi que des fentes et des trous permettant d'y accéder. Si vous le souhaitez, vous pouvez évidemment faire pousser des plantes pour décorer votre mur ; nous vous recommandons toutefois de laisser des parties à nu, car certaines espèces comme le lézard s'y installent volontiers pour se prélasser au soleil.

Ceux que ce travail ne réjouit guère pourront tout simplement former un tas de pierres en vrac. Beaucoup d'animaux comme les sauriens, les serpents, les crapauds ainsi que d'innombrables insectes viendront y chercher refuge et, accessoirement, réguleront la population de limaces et d'escargots de votre jardin. Dans l'idéal, prévoyez deux tas de pierres : l'un exposé au soleil, l'autre à l'ombre ou à la mi-ombre.

Des arbustes sauvages

Rares sont les habitats qui, comme les massifs d'arbustes sauvages, offrent une telle variété de conditions de vie en un espace si réduit. Si l'on part du centre pour aller vers les bords, on y rencontre en effet une multitude de zones intermédiaires qui offrent des conditions allant de l'obscurité à la clarté, de la sécheresse à l'humidité, de la chaleur à la fraîcheur, et ce à quelques mètres de distance. Les bosquets d'arbustes permettent à une importante variété d'espèces animales de vivre et de se nourrir. Si ce sont surtout des insectes qui viendront directement s'y installer, ceux-ci constitueront la pitance d'oiseaux, d'amphibiens, de reptiles et de petits mammifères en tout genre.

Privilégiez les arbustes sauvages locaux et choisissez leur taille en fonction de la place dont vous disposez. Parmi les grands arbustes pouvant atteindre sept mètres de hauteur, citons le rosier des haies, le sureau noir, le fusain, le merisier, le sorbier des oiseaux, l'épine-vinette, le cornouiller sauvage, le pommier sauvage et le poirier sauvage. La plupart d'entre eux supportent de temps à autre une bonne petite taille.

Il existe une multitude d'arbustes qui restent petits et qui, pour la plupart, ne dépassent pas deux mètres de haut : le chèvrefeuille des haies, le framboisier, les variétés de groseilliers rouges et noirs sauvages, le chèvrefeuille des Alpes, le chèvrefeuille noir, la viorne lantane, le genêt, le rosier des Alpes, le rosier à feuilles rouges, l'églantier tomenteux, l'églantier bleu cendré, le rosier pimprenelle ou encore le rosier cannelle.

Les massifs d'arbustes sont généralement faciles à entretenir. Taillez vigoureusement les arbres ou les arbustes qui ont trop poussé, mais évitez de tailler l'ensemble du massif en même temps, pour que ses locataires disposent toujours de suffisamment d'endroits où se réfugier.

Du bois mort

Il est fascinant d'observer le vieux bois se dégrader. Si vous déposez un tronc d'arbre que vous avez scié, une grosse racine ou simplement un tas de vieux bois non traité à un endroit ensoleillé ou mi-ombragé, vous y verrez bientôt une foule d'animaux y prendre leurs quartiers. Et avec un peu de chance, vous y rencontrerez même des variétés rares d'abeilles sauvages ou de guêpes du bois qui raffolent du bois mort en décomposition.

Des légions d'araignées et de coléoptères ne tarderont pas non plus à s'installer. Et c'est tant mieux, car certains d'entre eux font partie des chasseurs de limaces les plus zélés.

Même le bois mort naturellement est grouillant de vie : jusqu'à vingt mille individus vivent dans un seul mètre cube.

Les oiseaux

Le coureur indien

Avec un coureur indien dans votre jardin, vous n'aurez plus jamais à vous soucier ni des escargots ni des limaces, ces dernières constituant son péché mignon.

C'est vers la fin du XIXe siècle que les premiers spécimens de coureurs indiens ont été apportés d'Asie du Sud-Est et de Malaisie, et introduits en Angleterre. Selon Darwin, cette race de canards descend du colvert. Elle se caractérise avant tout par sa station quasi verticale, qui est un trait inné.

Lorsqu'on choisit un coureur indien, il faut impérativement s'assurer qu'il s'agit d'un individu de pure race. Si votre canard est le fruit d'un croisement avec des canards sauvages, il n'est pas impossible que sa descendance se mette sans prévenir à avoir des envies de verdure. En règle générale, les coureurs indiens se désintéressent des végétaux. On devrait donc pouvoir les laisser circuler librement dans un jardin – s'ils n'avaient pas une fâcheuse tendance à farfouiller le sol et à retourner les plates-bandes.

Avec leur odorat extrêmement développé, les coureurs indiens pistent les limaces jusque dans les cachettes où elles se réfugient le jour. Hélas, dans le feu de l'action, il n'est pas rare qu'ils mettent votre jardin sens dessus dessous. Vous devrez donc impérative-ment protéger vos semis et vos plates-bandes en les entourant d'une petite clôture jusqu'à ce que les plantes soient suffisamment grandes et robustes pour ne pas se faire piétiner par votre canard. Le plus souvent, une clôture de cinquante centimètres de hauteur suffit, car les coureurs indiens ne savent presque pas voler. Comme son nom l'indique, le coureur indien adore se déplacer. Il lui faut donc beaucoup d'espace – dans l'idéal, quelques centaines de mètres carrés.

Une mare n'est pas absolument nécessaire ; un point d'eau où votre canard pourra boire et se baigner suffit. Le coureur indien a également besoin d'eau pour avaler les limaces, qui collent à cause de leur mucus. Sans liquide, il s'étoufferait rapidement. Il faut le laisser chasser lui-même ses proies et éviter de lui donner à manger des limaces qui ont été ramassées. Mieux vaut par ailleurs surveiller les jeunes coureurs indiens : il arrive de temps à autre qu'un jeune aux yeux plus gros que le ventre s'étouffe en voulant avaler une limace trop dodue.

Le meilleur moment pour se procurer un coureur indien est le printemps, saison à laquelle les limaces de votre jardin ne sont pas encore adultes. Le caneton pourra alors grandir en même temps qu'elles, et ces dernières auront toujours une taille adaptée à votre redoutable prédateur à plumes ainsi qu'à son bec.

Abri et hivernage

Peu sensible au mauvais temps, le coureur indien supporte sans problème des températures allant jusqu'à −15 °C. Il faut toutefois lui fournir un abri bien isolé. Ce dernier n'a pas besoin d'être très grand : une surface de soixante sur cent vingt centimètres suffit pour deux canards. Il est également bon de protéger l'abri contre l'intrusion de renards et de martres.

Les bonnes vieilles poules

Les poules, elles aussi, font d'excellents chasseurs de limaces. Mais elles grignotent également volontiers nos cultures. Le mieux est donc de ne les laisser sortir au jardin qu'à l'automne, lorsque vous avez récolté la majorité de vos légumes et que vous avez protégé vos plates-bandes avec une clôture. Grâce à leur odorat, les poules sauront très bien dénicher les pontes de limaces et vous aiderez ainsi à réduire durablement les populations de loches méridionales, particulièrement difficiles à combattre.

Les poules peuvent s'apprivoiser très facilement. Le coureur indien, lui, demande un peu plus de patience, mais il devient parfois même affectueux.

53

Un jardin à l'épreuve des limaces

Aménagez un jardin antilimaces !

Nous savons désormais que tous les escargots et limaces ne vont pas saccager nos jardins. Lorsque nous retrouvons nos plates-bandes rasées, les coupables sont le plus souvent des limaces agrestes, des loches méridionales, des limaces rouges ou des limaces noires.

Comme les limaces agrestes passent la majeure partie de leur vie cachées sous terre et qu'elles ne sont guère nomades, nous allons nous concentrer sur les limaces rouges, les limaces noires et les loches méridionales, et tenter de mieux connaître leur comportement et leurs goûts.

Lorsque vous aurez compris à quoi ressemble le jardin idéal pour ces mollusques, vous serez en mesure d'aménager le vôtre de sorte à contrecarrer leurs plans et à les tenir à distance respectueuse de vos chères cultures, tout cela d'une façon on ne peut plus naturelle.

Limaces en vadrouille

Famille de gastéropodes cherche coin humide et ombragé

Pour que des limaces de la famille des *Arionidae* (dont font partie la loche méridionale, la limace rouge et la limace noire) partent en excursion, il leur faut une chose avant tout : de l'eau !

La limace est un animal hygrophile, c'est-à-dire qu'elle a une préférence pour les endroits humides. Aussi ne part-elle à la recherche de nourriture que si l'environnement est suffisamment humide. Lorsque le soleil tape ou que l'air est très sec, la limace risque vite de se dessécher et d'y laisser la vie. Comme elle le sait parfaitement, elle calcule avec précision la distance qu'elle peut parcourir avec les réserves d'eau dont elle dispose. Pour se déplacer, elle a en effet besoin de mucus, que ses glandes sécrètent continûment. Plus elle doit produire de mucus (parce que l'air est très sec par exemple), plus elle a besoin d'eau. Elle trouve cette dernière dans les aliments qu'elle consomme, ou elle l'absorbe par la peau.

Par temps sec, les limaces rouges et les limaces noires se réfugient dans des cachettes humides où elles passent la majeure partie de leurs journées. Naturellement, dans l'idéal, elles préfèrent trouver leur nourriture à un endroit pas trop éloigné de leur nid douillet. Donc, le paradis pour une limace est une source de nourriture abondante – une salade croquante ou de jolies fleurs – avec, à deux pas, un petit coin ombragé où passer tranquillement les journées chaudes et ensoleillées.

À présent, armé de vos nouvelles connaissances, interrogez-vous sur les attraits de vos plates-bandes pour une limace.

○ Existe-t-il un endroit à l'ombre où se réfugier ?

○ Le sol entre les plantes est-il couvert d'une épaisse couche de paillis, sous laquelle même les plus dodues des limaces peuvent se cacher après s'être amplement rempli la panse ?

○ Avez-vous mis des planches ou des pierres sur le sol, pour délimiter vos plants ou marcher dessus par exemple ? Si oui, sont-elles bien en contact avec le sol ? Ou existe-t-il un espace où une limace pourrait se faufiler ?

○ La végétation est-elle épaisse au point que le sol est constamment humide et à l'ombre ?

Lorsqu'un jardin grouille de limaces et qu'aucune plante ne semble à l'abri de leurs quenottes, il faut se pencher sérieusement sur ces questions. Vous devez vous assurer très scrupuleusement qu'il ne reste pas la moindre cachette où une limace et sa descendance pourraient se terrer. Ce n'est qu'une fois que la situation sera quelque peu revenue à la normale que vous pourrez prendre ces règles avec plus de liberté et réintroduire une végétation épaisse ou un paillis par exemple.

À table, le compost est servi !

Les *Arionidae* détestent les grands trajets, surtout par temps sec. Aussi, plus leur nourriture est proche de leur tanière, plus elles sont heureuses.

Pour une limace, le pays de cocagne, c'est le tas de compost : une foule de coins et de recoins à l'ombre ainsi qu'une nourriture délicieuse et variée, tout cela au même endroit ! Le paradis sur Terre, se dit-elle. Le jardinier, lui, pense qu'il va peut-être sortir l'arme chimique avant que les hôtes de son tas de compost n'aillent s'en prendre à son bien-aimé potager.

Pas si vite ! Comme le lecteur attentif s'en souvient sans doute, les limaces sont des animaux utiles. Elles transforment les matières végétales mortes, mais aussi fraîches, en humus, dont nous avons besoin pour nos cultures. C'est d'ailleurs précisément pour cela que nous avons un tas de compost. Oublions donc l'artillerie lourde et laissons nos limaces en paix ! Ici, sur le compost, elles ont droit à la belle vie.

Installez votre tas de compost à l'ombre de quelques arbres, éventuellement à l'endroit le plus ombragé de votre jardin. Aménagez des tas de pierres et de branchages pour que les limaces puissent y trouver un refuge humide. Enfin, n'oubliez pas de leur livrer chaque jour leur dose de déchets végétaux.

Mais, vous direz-vous à juste titre, vos hôtes de choix n'auront peut-être pas envie de se contenter chaque jour de quelques feuilles de salade flétries et d'épluchures. Et, pour changer, il leur viendra peut-être à l'esprit de faire un petit tour dans votre potager ou votre parterre de fleurs, où le menu semble aussi alléchant que varié.

C'est là qu'on peut intervenir et semer d'embûches le chemin qui mène du tas de compost aux zones interdites aux mollusques.

D'abord, la distance entre votre tas de compost et les cultures que vous tenez à protéger doit être aussi grande que possible. Sachez que pour une petite limace, parcourir dix ou vingt mètres, c'est un marathon.

Ensuite, vos cultures doivent être situées à l'endroit le plus ensoleillé du jardin : les limaces n'aiment pas, mais vraiment pas se trouver en plein soleil. Enfin, vous pouvez ajouter des barrières naturelles, qui sont non seulement esthétiques, mais qui devraient également donner des sueurs froides aux limaces.

Des barrières naturelles

Il y a bien longtemps que les limaces et les escargots terrestres qui vivent dans nos jardins ne savent plus nager. Toute surface liquide constitue donc pour eux un obstacle infranchissable.

Certains jardiniers affirment avoir déjà vu des limaces traverser la mare de leur jardin sur un petit morceau de bois. Mais ces récits relèvent le plus souvent du mythe, ou bien les faits qu'ils décrivent sont d'une telle rareté qu'ils ne méritent de toute façon pas que l'on s'en inquiète.

Si vous projetez d'aménager une mare ou un ruisseau dans votre jardin, il est donc intéressant, d'un point de vue stratégique, de le placer entre votre compost et votre potager ou vos plantes d'ornement.

Vous créerez une barrière similaire avec une gouttière remplie d'eau, que vous pourrez enterrer n'importe où dans votre jardin. Si les deux extrémités de la gouttière sont hermétiquement fermées, aucune limace ne la traversera. Autre atout de ce système de canaux : les chaudes journées d'été, une foule d'animaux de toutes sortes viendra s'y abreuver.

Pour éviter que des coléoptères, utiles, ne viennent s'y noyer, la gouttière doit dépasser du sol de quelques centimètres. De plus, vous pouvez placer des pierres ou des branches au milieu de la gouttière : si des insectes utiles y tombent, ces îlots de sauvetage leur permettront d'échapper à la noyade – ils serviront aussi aux insectes volants, qui aiment venir s'y poster pour étancher leur soif.

Voici d'autres idées d'obstacles pour barrer le chemin qui mène à vos tendres légumes.

○ Une bande de pelouse tondue ras.

○ Un chemin couvert de cailloux ou d'écorces.

○ Le bac à sable des enfants.

○ Des zones plantées d'espèces que les limaces n'aiment pas (voir à partir de la page 84).

Vous pouvez également entourer vos cultures d'une bande de protection d'environ cinquante centimètres de large couverte de matière absorbante, tranchante ou en poudre : sciure de bois, cendres, coquilles d'œufs écrasées, aiguilles de pin, poudre de roche, etc. (voir page 75).

Des œufs de limaces dans mon compost ?

Lorsque les limaces se sentent bien, elles fondent inévitablement une famille, et nous voilà bientôt avec une flopée de bouches à nourrir.

Pour une limace, un tas de compost est l'endroit rêvé où pondre. Naturellement, les œufs et les jeunes limaces risquent un jour ou l'autre d'atterrir sur nos plates-bandes, avec le compost.

Pour éviter ce malheur, il existe une astuce simple : utiliser son compost dès la fin de l'été, avant que les limaces ne pondent. Avant l'arrivée de l'automne, séparez le compost encore frais de celui qui est prêt et formez un tas distinct à côté du premier. Les limaces qui habitent le compost mûr ne se feront pas prier pour aller prendre leurs nouveaux quartiers dans le tas de végétaux plus frais. Vous pourrez bientôt utiliser le compost exempt de mollusques sur vos cultures.

Les limaces du jardin des voisins

À quoi bon vous donner tant de peine pour éviter que les insatiables pensionnaires de votre tas de compost ne partent à l'assaut de votre potager si le jardin de votre sympathique (ou non) voisin se trouve à quelques mètres de là, et que ce dernier s'est mis en tête d'installer son tas de compost à deux pas de vos salades ?

La tolérance et la bonne volonté permettent de résoudre la plupart des problèmes de voisinage au chapitre jardin, et c'est vers elles également qu'il faut se tourner dans ce cas-là. Un petit mot gentil accroché à la clôture peut déplacer des montagnes – et pourquoi pas un tas de compost ?

Il n'y a aucune raison de ne pas trouver de solution. D'autres astuces pour stopper les migrations de limaces sont présentées à partir de la page 65.

Loche méridionale

Olé !

Plantes en danger ?
Vous avez le choix entre...

En attendant que votre jardin retrouve son équilibre biologique, vous ne devez pas rester les bras croisés pendant que vos hôtes voraces dévorent vos plates-bandes.

Que ce soit clair : les limaces n'engloutissent pas indifféremment tout ce qui est vert et qui croque sous la dent. Elles sont plutôt fines gueules et ont leurs plats préférés.

Tant que des armées de gastéropodes colonisent votre jardin, dans la mesure du possible, vous devriez renoncer aux plantes qui font la joie des limaces et de leur estomac.

... engraisser vos limaces...

Nous recommandons à ceux qui adorent les limaces et qui souhaitent leur servir tous les jours leurs plats préférés de tester les espèces suivantes. Quant à ceux qui préfèrent profiter des jolies fleurs de leur jardin et des légumes de leur potager, nous les invitons à ne cultiver ces plantes qu'avec une grande prudence, ou en prenant sans attendre les mesures de protection nécessaires.

Ah, le menu de la semaine prochaine !

Les fleurs d'été et les vivaces que les limaces adorent

En fonction du contexte, les limaces peuvent bouder une plante dont elles raffolent d'ordinaire, et inversement. Le principal est que vos plantes soient robustes et en bonne santé ; ainsi, même celles qui plaisent habituellement aux limaces les attireront moins (voir page 95).

Agératum *(Ageratum houstonianum)*
Anémone du Japon *(Anemone japonica)*
Anthémis *(Argyranthemum frutescens)*
Aster de Chine ou reine-marguerite *(Callistephus chinensis)*
Buglosse d'Italie *(Anchusa italica)*
Campanules *(genre Campanula)*
Canna *(Canna indica)*
Centaurées (genre *Centaurea* ; les espèces sauvages sont généralement épargnées)
Chrysanthème *(Chrysanthemum grandiflorum)*
Cœur-de-Jeannette, cœur-de-Marie *(Dicentra spectabilis)*
Coréopsis *(genre Coreopsis)*
Dahlias *(genre Dahlia hybrides)*
Dauphinelles ou pieds-d'alouette *(genre Delphinium)*
Fleur de cire *(Kirengeshoma palmata)*
Gentianes *(genre Gentiana)*
Giroflée quarantaine *(Matthiola incana)*
Hostas *(genre Hosta)*
Immortelle à bractées *(Helichrysum bracteatum)*
Immortelle de Virginie *(Anaphalis triplinervis)*
Lavatère *(Lavatera trimestris)*
Liatris *(Liatris spicata)*
Ligulaire *(Ligularia dentata)*

Lupin *(Lupinus polyphyllus)*
Lys *(*genre *Lilium)*
Monarde *(Monarda didyma)*
Œillets d'Inde, roses d'Inde *(*genre *Tagetes)*
Pavot d'Islande *(Papaver nudicaule)*
Pavot d'Orient *(Papaver orientale)*
Rudbeckia *(Rudbeckia fulgida)*
Rudbeckia pourpre *(Echinacea purpurea)*
Sauge *(Salvia splendens)*
Sauge des forêts *(Salvia nemorosa* subsp. *nemorosa)*
Sidalcéa *(Sidalcea candida)*
Silène *(Silene chalcedonica)*
Suzanne aux yeux noirs *(Thunbergia alata)*
Tournesol *(Helianthus annuus)*
Tricyrtis *(*genre *Tricyrtis)*
Trompettes-des-anges *(*genre *Brugmansia)*
Zinnia *(Zinnia elegans)*

Les légumes et les fines herbes dont les limaces raffolent

Basilic *(Ocimum basilicum)*
Carotte *(Daucus carota* subsp. *sativus)*
Chou blanc *(Brassica oleracea* var. *capitata f. alba)*
Chou chinois *(Brassica rapa* subsp. *chinensis)*
Chou-fleur *(Brassica oleracea* var. *botrytis)*
Chou-rave *(Brassica oleracea* var. *gongylodes)*
Chou rouge *(Brassica oleracea* var. *capitata f. rubra)*
Concombre *(Cucumis sativus)*
Courges *(*genre *Cucurbita)*
Courgette *(Cucurbita pepo* convar. *giromontiina)*
Haricot *(Phaseolus vulgaris* var. *vulgaris)*

Haricot nain *(Phaseolus vulgaris* var. *nanus)*
Laitue pommée *(Lactuca sativa* var. *capitata)*
Maïs *(Zea mays)*
Persil frisé *(Petroselinum crispum* var. *crispum)*
Poivron *(Capsicum annuum)*
Pourpier *(Portulaca oleracea)*
Sarriette *(Satureja hortensis)*

... ou les faire fuir

Mais tout le monde n'est pas prêt à renoncer, même un temps, à ces plantes qui font autant le bonheur de l'homme que de la limace. Ce n'est d'ailleurs pas une nécessité absolue. Si vous êtes attaché à quelques-unes des plantes dont raffolent les limaces et si vous ne voulez pas y renoncer, vous pouvez installer des barrières à limaces : collerettes, bordures, voiles textiles, etc. Ces dispositifs permettent de tenir les gloutons à distance de vos chères plantes tant qu'elles sont jeunes. Une fois adultes, elles ne les intéressent généralement plus, aussi ce type de protection n'est souvent plus nécessaire.

Les barrières

Il existe sur le marché plusieurs modèles de barrières infranchissables par les limaces, depuis les clôtures électriques, qui les repoussent avec une légère décharge d'environ neuf volts, jusqu'à de rudimentaires barrières en plastique, en passant par des bordures de luxe en métal zingué.

Les bordures en métal zingué sont faites soit de tôle, soit de grillage, dont la partie qui dépasse du sol est repliée à angle aigu vers l'extérieur. Pour qu'elles soient bien étanches, on ajoute des pièces de raccord spéciales sur les coins.

Ces bordures, qui doivent avoir une hauteur d'au moins quinze à vingt centimètres, offrent une protection très efficace contre les limaces. Vous pouvez en installer le long du jardin du voisin si le problème vient de là.

Veillez à ce qu'aucune plante ne passe par-dessus la bordure : les limaces pourraient l'utiliser comme « pont » pour aller de l'autre côté. De plus, dans la mesure du possible, la bordure doit être enfoncée suffisamment profondément dans le sol pour barrer la route aux limaces agrestes, qui vivent sous terre. En règle générale, dix centimètres suffisent.

Comparez le prix et la qualité des différentes variantes disponibles sur le marché. Si vous comptez utiliser longtemps votre bordure, mieux vaut choisir un modèle résistant en métal zingué, généralement plus cher qu'un modèle en plastique.

Les clôtures électriques sont relativement chères. Elles fonctionnent le plus souvent avec une batterie. Malheureusement, elles ne sont pas très fiables d'un point de vue technique : les pannes et les courts-circuits sont fréquents, en particulier par temps très humide, c'est-à-dire lorsque les limaces sortent en masse.

Au début, il se peut que la zone que vous avez protégée avec une barrière grouille encore de limaces. Pas de panique :

ce sont celles qui se trouvaient déjà là et qui s'étaient vraisembla-blement cachées dans les trous du sol, ainsi que de jeunes limaces nées d'œufs présents dans la terre. Dans ce cas, rien de tel qu'un ramassage systématique. Pour ce faire, posez sur le sol de votre plate-bande des planches ou des grandes feuilles, de rhubarbe par exemple, sous lesquelles les limaces adorent se coller. Vous n'aurez qu'à attendre un peu, puis à les ramasser. Si vous enlevez les limaces qui vivent dans la zone protégée et qu'aucun autre gastéropode ne peut y pénétrer, un jour ou l'autre, votre plate-bande finira forcément par retrouver une vie normale.

Cela dit, il ne faut pas protéger la majeure partie de son jardin avec de telles barrières : cela rendrait tout équilibre entre les différentes espèces impossible. Lorsque de trop grandes zones sont entourées de barrières à limaces, beaucoup d'animaux utiles ne peuvent plus se déplacer librement et doivent se contenter de terrains de chasse extrêmement réduits. Bref, ces barrières sont des solutions provisoires qui doivent être limitées à de petites surfaces.

Fabriquer une bordure à limaces

Pour faire des économies, vous pouvez très facilement fabriquer vous-même votre bordure à limaces.

○ Il vous faut de la tôle ou du grillage zingué, ou bien du grillage antimoustiques en aluminium (avec des mailles de deux millimètres de côté maximum), taillé en bandes de trente à trente-cinq centimètres de large.

○ Repliez le bord supérieur des bandes vers l'extérieur, à angle aigu (comme les bordures qui s'achètent dans le commerce), puis enterrez-les à dix centimètres de profondeur tout autour de la zone à protéger.

○ Faites bien attention aux angles : il ne doit pas y avoir la moindre possibilité de passage ! Les extrémités de deux bandes qui se rejoignent doivent s'entrecroiser ou s'insérer l'une dans l'autre sur une longueur suffisante. De même, la partie repliée vers l'extérieur doit être parfaitement exempte d'ouvertures. Au besoin, ajoutez des petits morceaux de grillage aux angles pour renforcer les bandes et conserver une partie repliée vers l'extérieur solide.

○ Quand vous n'aurez plus besoin de votre bordure à limaces, vous pourrez récupérer les bandes et les couper en plus petits morceaux pour confectionner des collerettes – elles vous seront utiles un jour ou l'autre.

C'est un électrochoc !

Les collerettes, voiles et autres protections

Pour protéger des plantes isolées, le plus simple est d'utiliser une collerette, une sorte de minibordure antilimaces. Vous pouvez vous en procurer dans le commerce ou bien en fabriquer vous-même et laisser libre cours à votre inventivité.

○ Très pratiques, les bouteilles en plastique coupées en haut et en bas forment un gros anneau que l'on enfonce autour des plants. Il faut ensuite protéger l'ouverture supérieure avec un tissu qui laisse passer l'air, un bas en Nylon par exemple, fixé à l'aide d'un élastique.

○ Pour les plantes plus grandes, vous pouvez utiliser de la même manière un gros pot de fleurs en plastique dont vous aurez découpé le fond.

○ Les collerettes peuvent être fabriquées avec tous les matériaux possibles et imaginables. Le carton n'est certes pas le plus résistant, mais il convient tout à fait pour protéger les jeunes plants

le temps qu'ils deviennent grands. Découpez un morceau de carton en bande comme dans l'encadré « Fabriquer une bordure à limaces » et repliez le bord supérieur vers l'extérieur, en l'incisant légèrement. Installez cette minibordure autour de la plante, en l'enterrant partiellement, puis fixez les deux extrémités ensemble à l'aide de pinces à linge, de trombones, d'agrafes ou de tout autre objet de ce type. Il n'est pas inutile d'ajouter un cercle de sable, de sciure ou de poudre de roche autour de la collerette, sur le sol.

○ Il suffit parfois d'entourer votre plante d'un voile textile ou d'un filet pour la protéger des prédateurs. Veillez à ce que les bords du voile ou du tissu soient soigneusement enterrés. Vous devrez par ailleurs contrôler chaque jour qu'aucune limace ne se cache dessous et dévore tranquillement votre protégée.

Ramasser les limaces

En plus de tout cela, un bon ramassage de limaces ne peut pas faire de mal. Surtout si au début, malgré tous vos efforts pour rétablir un équilibre dans votre jardin, vos hôtes indésirables n'ont pas l'air de vouloir se faire plus discrets.

Pour faciliter le ramassage, proposez-leur des abris où elles adorent venir passer leurs journées.

Les abris suivants feront parfaitement l'affaire :

○ planches ;
○ pots de fleurs retournés, en terre cuite ou en plastique ;
○ feuilles de rhubarbe ;
○ bâche en plastique ;
○ morceaux d'écorce ;
○ sacs plastique humides ;
○ tuiles.

Une fois que vous avez installé ces « cachettes » dans votre jardin, le ramassage peut commencer. Armez-vous d'un seau et éventuellement d'un ustensile pour attraper vos visqueuses pensionnaires, par exemple une grosse pince ; mieux vaut éviter de toucher une limace, car il est ensuite très difficile d'enlever son mucus.

Vous n'avez plus qu'à sortir tous les matins pour aller cueillir les limaces dans leurs cachettes. Une chose est sûre : vous ne rentrerez pas bredouille !

Safari nocturne

De nuit aussi, la chasse aux limaces est très utile, car c'est à ce moment-là qu'elles sont le plus actives.

Armée d'un seau, d'une pince et d'une torche, notre chasseuse de limaces sort dans son jardin, dans la nuit noire. La veille, il a plu, et le jardin est encore tout brillant. Un vrai temps à limaces…

Elle traverse la terrasse puis s'engage sur l'allée de dalles qui passe à travers le jardin et qui la conduira jusqu'à ses plantes préférées, ses chouchoutes auxquelles elle tient comme à la prunelle de ses yeux. Mais dès qu'elle pose un pied sur l'allée, elle glisse et tombe. Elle se relève, et retombe.

Horrifiée, elle dirige le faisceau de sa torche vers le sol, à ses pieds, puis balaie toute l'allée de lumière. Elle étouffe un cri. Des centaines, que dis-je, des milliers de malfaiteurs baveux attendent là, aux aguets, sans bouger. Et chacun d'eux est doublé d'une gigantesque ombre noire.

« On dirait qu'elles m'attendaient », pense notre courageuse chasseuse, hagarde.

Elle comprend que de tels safaris nocturnes ne sont pas faits pour les âmes sensibles. Mais elle ne renoncera pas si vite ! Elle pense à ses chères dauphinelles et se remet en route, sur la pointe des pieds, en slalomant avec précaution entre les obstacles vivants. En nage, elle finit par arriver sur la plate-bande où, quelques heures auparavant, elle s'était émerveillée devant ses ravissantes dauphinelles.

Le spectacle qui s'offre à elle la laisse d'abord sans voix.

Puis elle pousse un cri d'effroi, un cri strident et glaçant qui emplit le silence de la nuit.

De grassouillettes limaces sont en train de faire mille acrobaties sur ses plantes chéries. Elles sont une armée ! Des limaces de toutes les espèces possibles et imaginables, occupées à engloutir ses dauphinelles jusqu'à la dernière miette.

Chez les voisins, la lumière s'allume. Avec l'énergie du désespoir, notre héroïque jardinière, sous le choc, se met à ramasser toutes les limaces qu'elle voit. Sa mission accomplie, elle retourne d'un pas pressé vers la maison et glisse encore trois fois avant d'atteindre enfin la porte derrière laquelle elle sera en sécurité.

« Ouf ! », se dit-elle, épuisée. Puis son regard tombe sur le seau qu'elle tient à la main. Avec une grimace de dégoût, elle observe ces fripouilles déjà – bien plus vite qu'elle ne le pensait – en train d'escalader la paroi du seau pour se faire la belle. Elle n'avait pas encore songé à ce détail : que faire de toutes ces limaces ?

Que faire de votre récolte de limaces ?

Comme ce livre n'est pas l'endroit pour faire l'apologie du massacre de limaces et que non, « éliminer » ses prises en les envoyant dans le jardin des voisins n'est pas une bonne méthode pour réduire la population de gastéropodes du vôtre – cela n'empêchera pas les limaces de revenir dans votre domaine par voie terrestre –, nous vous recommandons de les relâcher soit dans un pré ou dans la forêt, soit sur votre tas de compost – cette solution, bien qu'elle soit la meilleure d'un point de vue écologique, demande toutefois un peu de volonté.

Si vous avez bien aménagé votre jardin en installant votre tas de compost à un endroit ombragé et en l'isolant suffisamment, vos limaces ne pourront pas (ou presque pas) retourner sur les parterres de fleurs où vous les avez ramassées. Et puis, dites-vous qu'en les assignant au tas de compost, vous les condamnez aux travaux forcés à perpétuité : jour et nuit, elles ne travailleront plus que pour vous, à transformer vos déchets végétaux en précieux humus !

Les jardiniers qui tuent les limaces sont contre-productifs : les gastéropodes morts attirent des régiments de congénères qui s'en nourrissent. Il faut au contraire éviter de laisser traîner des cadavres de limaces dans un jardin.

Les bandes de protection

Comme nous l'avons déjà dit, la limace ne peut pas avancer sans mucus, qu'elle sécrète en continu. Lorsque l'environnement est suffisamment humide, la perte d'eau est rapidement compensée. Mais pour se déplacer sur un sol sec, voire poussiéreux, la limace a besoin d'un supplément de mucus, donc d'eau. Aussi, dans la mesure du possible, elle évite de le faire.

En créant tout autour d'une plante une bande de protection sèche suffisamment large (au moins trente centimètres), vous mettrez de sérieux bâtons dans les roues des limaces en quête de quelque chose à se mettre sous la dent.

Voici quelques exemples de matériaux pour créer des bandes de protection.

Sciure (de bois non traité)	Bon marché et facile à se procurer ; doit être renouvelée en cas de pluie ; en trop grande quantité, fixe de l'azote dans le sol
Laine de bois	En couche de dix centimètres d'épaisseur
Aiguilles de conifères, branches de sapin coupées en petits morceaux	Pas d'aiguilles de sapin dans les potagers !
Balle de céréales, paille hachée	La paille d'orge est particulièrement coupante
Sable et gravier	Efficaces à partir de un mètre de large, par exemple sur une allée
Coquilles d'œufs	Il faut un certain temps pour en récupérer de grandes quantités
Poudre de roche	Efficace contre les limaces uniquement par temps sec ; amende le sol
Farine d'algues ou carbonate de magnésium	Contrôler le pH du sol (dans l'idéal, il doit être compris entre six et sept)
Granulés de lave	Efficaces à partir de cinquante centimètres de large, par exemple sur une allée

Mais il y a aussi des matériaux à éviter.

Chaux vive (oxyde de calcium)	Substance corrosive et potentiellement dangereuse
Chaux aérienne ou chaux éteinte (hydroxyde de calcium)	Uniquement pour les sols très lourds et argileux ; augmente le pH, donc ne pas en épandre sans contrôle
Cendres de charbon	Apport de métaux lourds dans le sol
Cendres de bois	Peuvent contenir des métaux lourds, ainsi que du phosphore, du potassium et du calcium, ce qui risque de perturber l'équilibre du sol, donc à n'utiliser qu'en très faible quantité
Sel d'alun ou de potassium	Agit comme un engrais potassique, donc à ne pas utiliser sans contrôle
Sulfate de cuivre	S'accumule dans le sol

Cruel : les pièges à nicotine !

Les limaces n'aiment pas le café

Par un heureux hasard, des scientifiques ont fait une découverte qui intéressera tous les jardiniers pour qui les limaces sont devenues un cauchemar. Cherchant un remède à la surpopulation de grenouilles à Hawaï, ils ont notamment testé une solution contenant de la caféine. Alors qu'elle s'est révélée sans effet sur les batraciens, elle a eu une puissante action répulsive sur les mollusques. Il semble qu'une concentration de 0,1 % de caféine soit optimale. Une tasse de café allongé contenant environ 0,5 % de caféine, il faut la diluer avec quatre tasses d'eau pour obtenir la solution adéquate.

Vous pouvez ensuite la pulvériser directement sur les plantes à protéger ou bien sur le sol, sur toute la zone qui les entoure, jusqu'à ce que la terre en soit bien imbibée. La présence de caféine, sans doute toxique pour leurs nerfs, contraint les limaces à faire demi-tour.

Comme il n'est pas certain que toutes les plantes soient de grandes amatrices de café et résistent à ce traitement, nous vous recommandons de tester cette méthode avec précaution avant toute application massive.

Les granulés et gels

Il est aussi possible de protéger certaines plantes auxquelles on tient particulièrement avec des préparations spéciales contre les limaces.

Il existe par exemple des gels à base d'acides gras naturels que l'on applique avec un pinceau sur la bordure d'un parterre de fleurs ou d'un potager et qui, selon les indications des fabricants, ne sont nocifs ni pour les animaux ni pour les plantes.

Il existe également des granulés naturels dont l'odeur fait fuir les limaces et qui sont sans effet sur l'environnement. Malheureusement, ils perdent leur efficacité en cas de fortes pluies.

Le poison antilimaces

L'arme favorite du jardinier qui a décidé d'en finir avec les limaces n'est autre que les granulés colorés de poison antilimaces.

En effet, c'est tellement simple ! Il suffit d'ouvrir le paquet et de disséminer des granulés tout autour des plantes. Dès le lendemain matin, les résultats sont là, bien visibles : d'innombrables dépouilles et traces de bave brillante couvrent le champ de bataille.

Or les poisons antilimaces, qui contiennent généralement du méthiocarbe, ne doivent sous aucun prétexte être utilisés dans un jardin ! Le méthiocarbe est une puissante substance neurotoxique. Il est nocif pour la plupart des animaux auxiliaires, notamment les carabes et les hérissons, ainsi que pour les animaux domestiques et même l'homme. Des jardiniers qui ont répandu ces granulés à main nue se sont par la suite plaints de vertiges, de nausées et de douleurs à la poitrine.

D'autres granulés contiennent du phosphate ferrique, un élément qui existe dans la nature, ou du métaldéhyde, ces deux substances altérant les cellules. Après ingestion de phosphate ferrique, les limaces cessent de s'alimenter et retournent dans leurs abris, où elles meurent rapidement.

Le métaldéhyde a un effet déshydratant et altère les cellules productrices de mucus. Après l'ingestion de cette substance, si la perte d'eau est rapidement compensée, par exemple en cas de pluie, le produit peut rester sans effet. Les limaces essaient de l'éliminer en sécrétant davantage de mucus. Certaines, relativement grosses, parviennent ainsi à survivre.

Selon les fabricants de granulés à base de métaldéhyde, ceux-ci sont sans danger pour les ennemis naturels des limaces, de même que pour les vers de terre et les autres animaux qui vivent dans le sol. Mais les avis sur ce point divergent. Certains soupçonnent en effet le métaldéhyde d'être nocif pour les vers de terre, les abeilles ou encore les oiseaux.

L'utilisation de granulés antilimaces crée par ailleurs un cercle vicieux. Comme les causes de la surpopulation de limaces ne sont ni connues ni combattues, leur nombre ne diminue pas et il faut recourir régulièrement à ce type de poison.

Les pièges à bière

Les limaces aiment la bière, tout le monde le sait.

Et le plaisir qu'elles prennent à siroter une petite bière le soir leur confère presque quelque chose d'humain. Le problème, c'est qu'elles ne semblent absolument pas capables de se contrôler. Aussi n'est-il pas rare qu'une beuverie nocturne entre amies finisse par la mort des noceuses, qui ne semblent pas du tout tenir l'alcool.

L'alcool, qui a un puissant effet déshydratant et paralysant sur les limaces, tue rapidement les plus petites d'entre elles. Il arrive aussi que des buveuses finissent tout bonnement par tomber dans la bière et qu'elles s'y noient piteusement.

« Parfait ! », se disent les chasseurs de limaces, qui s'empressent d'emplir des pots de bière et de les enterrer au ras du sol pour que leurs victimes puissent se rincer le gosier jusqu'à ce que mort s'ensuive.

Mais une fois encore, nous ne sommes pas là pour donner un permis de tuer. Du reste, les inconvénients des pièges à bière dépassent leurs supposés avantages. En effet, l'odeur de la bière attire les limaces de tout le quartier, si bien qu'elles débarquent dans votre jardin par légions. Et en chemin, avant d'arriver à votre piège, elles s'arrêtent pour grignoter allègrement tout ce qui se trouve à leur portée – sans doute afin de ne pas boire le ventre vide. Autre ombre au tableau : certains animaux auxiliaires, comme les carabes, risquent de se noyer dans les pièges posés au ras du sol.

Et ensuite, on retrouve de drôles de créatures qui, après avoir passé la nuit à picoler, cuvent leur bière en ronflant à tue-tête au milieu du parterre de fleurs.

Dans l'immense majorité des cas, il ne s'agit pas du voisin qui n'a pas retrouvé son chemin, mais d'un hérisson. Ces derniers temps, ces petits quadrupèdes à piquants se font de plus en plus souvent remarquer pour leur consommation excessive d'alcool.

Il semble qu'ils apprécient non seulement la bière, mais aussi les limaces alcoolisées, mortes ou vivantes. Et lorsqu'on réveille l'ivrogne, il repart clopin-clopant, en zigzaguant. Pas besoin de le faire souffler dans un ballon pour savoir qu'il a trop bu.

Hélas, dans cet état regrettable, les hérissons éméchés en oublient même de s'enrouler pour s'endormir, ce qui en fait des proies faciles pour leurs prédateurs.

Bref, si nous voulons que les hérissons et les autres âmes égarées de notre jardin retrouvent le droit chemin et renoncent à leurs périlleuses soûleries, cessons d'y installer des pièges à bière.

Appâter les limaces

On conseille souvent d'appâter les limaces avec divers aliments : morceaux de pomme de terre, fruits pourris, nourriture pour chiens ou pour chats, etc. Le but est soit de les détourner des plantes que l'on souhaite protéger, soit de pouvoir les ramasser plus facilement le lendemain matin. Or, comme les pièges à bière, ces appâts attirent d'autres limaces dans le jardin, ce qui, somme toute, ne fait qu'aggraver le problème. Ce type d'appâts ne doit donc être utilisé qu'exceptionnellement, par exemple lorsqu'on vient de semer des plantes extrêmement fragiles. Dans ce cas, on peut placer un appât à distance des plantes à protéger et nourrir ainsi les limaces jusqu'à ce que les semis aient germé et que les plants soient suffisamment grands pour ne plus les intéresser.

Les plantes que les limaces n'aiment pas

Coupez-leur l'appétit !

Il peut s'écouler quelque temps avant qu'un jardin retrouve son équilibre. Aussi, ceux qui souhaitent voir leur petit coin de nature verdoyer et fleurir en dépit des légions de gastéropodes qui continuent de le sillonner, et qui n'ont pas envie de s'embarrasser de systèmes de protection, pourront choisir des variétés de plantes que les limaces n'aiment pas.

Bien entendu, il n'existe pas de règles valables pour toutes les limaces, leurs goûts variant en fonction de divers facteurs comme leur espèce, la palette de plantes disponibles ou encore l'endroit où se trouve une plante.

Mais l'expérience montre que certains végétaux ont bien moins la cote que d'autres auprès des limaces. Si l'on privilégie ces espèces, les gastéropodes trouveront moins de nourriture et leur population diminuera avec le temps.

Les fleurs d'été

Alysson maritime *(Lobularia maritima)*
Antirrhinums *(genre Antirrhinum)*
Bégonia *(Begonia semperflorens)*
Capucine *(*genre *Tropaeolum)*
Cardère sauvage *(Dipsacus sylvestris)*
Chardon-aux-ânes *(Onopordum acanthium)*
Chrysanthème *(Chrysanthemum segetum)*
Cosmos *(*genre *Cosmos)*
Fumeterre *(*genre *Fumaria)*
Giroflée *(Erysimum cheiri)*
Linaire *(*genre *Linaria)*
Lobélie érine *(Lobelia erinus)*
Myosotis *(Myosotis sylvatica)*
Nigelle de Damas *(Nigella damascena)*
Œillet de poète *(Dianthus barbatus)*
Pâquerette *(Bellis perennis)*
Pavot de Californie *(Eschscholzia californica)*
Pois de senteur *(Lathyrus odoratus)*
Pourpier à grandes fleurs *(Portulaca grandiflora)*
Souci officinal *(Calendula officinalis)*
Xéranthème *(Xeranthemum annuum)*

Les plantes vivaces, à bulbe ou à rhizome

Pour une exposition semi-ombragée :
Alchémille *(Alchemilla mollis)*
Anémone hépatique *(Hepatica nobilis* var. *nobilis)*
Anémone hupehensis *(Anemone hupehensis)*
Astilbe du Japon *(Astilbe japonica)*
Barbe-de-bouc *(Aruncus dioicus)*
Bergénie *(*genre *Bergenia)*

Bugle rampante *(Ajuga reptans)*
Campanule des murets *(Campanula poscharskyana)*
Cyclamen de Naples *(Cyclamen hederifolium)*
Digitale pourpre *(Digitalis purpurea)*
Fleur des elfes *(Epimedium grandiflorum)*
Fougère plume d'autruche *(Matteuccia struthiopteris)*
Fritillaire méléagre *(Fritillaria meleagris)*
Géranium (genre *Geranium*)
Heuchère *(*genre *Heuchera)*
Iris *(*genre *Iris)*
Lysimaque nummulaire *(Lysimachia nummularia)*
Muguet *(Convallaria majalis)*
Muscari d'Arménie *(Muscari armeniacum)*
Myosotis du Caucase *(Brunnera macrophylla)*
Pavot jaune *(Meconopsis cambrica)*
Polystichum *(Polystichum aculeatum* et
Polystichum polyblepharum)
Reine-des-prés *(Filipendula ulmaria)*
Rose de Noël *(Helleborus niger)*
Saxifrage *(*genre *Saxifraga)*
Scolopendre *(Phyllitis scolopendrium)*
Tulipe *(*genre *Tulipa)*
Violette de Rivin *(Viola riviniana)*
Waldsteinia *(Waldsteinia ternata)*

Pour une exposition en plein soleil :
Achillée *(*genre *Achillea)*
Ail géant (Allium giganteum)
Anémone pulsatille *(Pulsatilla vulgaris)*
Bouillon-blanc *(Verbascum thapsus* subsp. *thapsus)*
Boules azurées, chardons bleus *(genre Echinops)*

Coquelourde des jardins *(Lychnis coronaria)*
Corbeille d'or *(Aurinia saxatilis)*
Cruciatas *(*genre *Cruciata)*
Épiaire de Byzance *(Stachys byzantina)*
Euphorbe de Corse *(Euphorbia myrsinites)*
Gypsophile rampante *(Gypsophila repens)*
Hélénie *(*genre *Helenium)*
Hélianthème *(*genre *Helianthenum)*
Herbacées comme le carex *(Carex morrowii)*
Joubarbe *(*genre *Sempervivum)*
Julienne des dames *(Hesperis matronalis)*
Lysimaque *(*genre *Lysimachia)*
Marguerite *(*genre *Leucanthemum)*
Molène *(Verbascum phoeniceum)*
Molène noire *(Verbascum nigrum)*
Œnothère *(Oenothera macrocarpa)*
Onagre *(Oenothera biennis)*
Orpins *(*genre *Sedum)*
Phlox *(Phlox paniculata)*
Physostégia *(Physostegia virginiana)*
Pivoine de Chine *(Paeonia lactiflora)*
Platycodon *(Platycodon grandiflorus)*
Pois vivace *(Lathyrus latifolius)*
Polémoine bleue *(Polemonium caeruleum)*
Primevère *(Primula rosea)*
Thlaspi *(Iberis sempervirens)*
Valériane rouge *(Centranthus ruber)*
Vergerette *(Erigeron acris)*
Vergerette des Alpes *(Erigeron alpinus)*
Verges-d'or *(*genre *Solidago)*
Véronique *(*genre *Veronica)*
Verveine officinale *(Verbena officinalis)*

Les légumes et plantes odorantes

Absinthe *(Artemisia absinthium)*
Ail *(Allium sativum)*
Ail des ours *(Allium ursinum)*
Asperge *(Asparagus officinalis)*
Aspérule odorante *(Galium odoratum)*
Aurone *(Artemisia abrotanum)*
Bourrache *(Borago officinalis)*
Camomille allemande *(Matricaria recutita)*
Chicorée sauvage *(Cichorium intybus)*
Ciboulette *(Allium schoenoprasum)*
Citronnelle *(Cymbopogon citratus)*
Cresson alénois *(Lepidium sativum)*
Endive *(Cichorium endivia)*
Grande camomille *(Chrysanthemum parthenium)*
Hysope *(Hyssopus officinalis)*
Immortelle d'Italie *(Helichrysum italicum)*
Lavande *(Lavandula angustifolia)*
Mâche (Valerianella locusta)
Marjolaine sauvage, origan (Origanum vulgare)
Mélisse officinale *(Melissa officinalis)*
Millepertuis perforé *(Hypericum perforatum)*
Oignon *(Allium cepa)*
Orpin réfléchi *(Sedum reflexum)*
Panais *(Pastinaca sativa)*
Poireau *(Allium porrum)*
Pois *(Pisum sativum)*
Rhubarbe *(Rheum rhabarbarum)*
Romarin *(Rosmarinus officinalis)*
Roquette jaune *(Diplotaxis tenuifolia)*
Salade à feuilles rouges, comme la chicorée rouge
Sarriette des montagnes *(Satureja montana)*

Thym *(genre Thymus)*
Tomate *(Lycopersicon esculentum)*
Valériane officinale *(Valeriana officinalis)*

Parmi ces espèces de légumes et de plantes, il y en a même certaines dont les limaces ont horreur. Les gastéropodes semblent par exemple ne pas pouvoir sentir la famille des oignons. Ils font également un grand détour pour éviter les plantes fortement odorantes.

Il peut donc être bon de planter des espèces de cette liste autour de cultures plus menacées, pour les protéger des assauts des mollusques. Mais si leur population est très importante, d'autres mesures s'imposent.

Beautés sauvages

Pour qu'un jardin soit un vrai petit coin de nature, il faut y mettre autant de plantes sauvages que possible. Parmi elles, vous trouverez des espèces relativement résistantes aux limaces. Outre cette résistance, elles ont souvent l'avantage de plaire aux animaux auxiliaires, qui s'en nourrissent.

Parmi l'immense variété de plantes locales, nous ne présentons ici que celles qui, d'une part, sont boudées par les limaces et qui, d'autre part, présentent un intérêt ornemental et écologique qui en fait d'excellentes pensionnaires pour un jardin.

Pour une exposition ensoleillée :
Ail à tête ronde *(Allium sphaerocephalon)*
Plante à bulbe formant de grosses fleurs rondes et violettes au bout de longues tiges. Pour les sols secs et sablonneux.

Armérie maritime, gazon d'Espagne *(Armeria maritima)*
Vivace formant des petites touffes de « gazon » d'où dépassent des fleurs roses dressées au bout de courtes tiges.

Benoîte des ruisseaux *(Geum rivale)*
Petite vivace avec des calices rouge-brun inclinés vers le bas, pour les endroits humides à très humides.

Centaurée du Rhin *(Centaurea stoebe)*
Vivace de taille moyenne, avec des fleurs mauves effrangées.
Pour tous les sols.

Chardon bleu des Alpes *(Eryngium alpinum)*
De taille moyenne, cette jolie vivace possède des feuilles fine-
ment dentées et des fleurs bleu violacé.

Épervière orangée *(Hieracium aurantiacum)*
Vivace aux grandes fleurs composées, d'une couleur orangée
lumineuse, qui se développent à plusieurs au bout de longues
tiges. Pour les sols frais.

Euphorbe faux-cyprès *(Euphorbia cyparissias)*
Vivace décorative de taille moyenne, avec des inflorescences
jaunes et des feuilles en forme d'aiguille. Pour les sols sablonneux ou rocailleux.

Marguerite de la Saint-Michel *(Aster amellus)*
Vivace de taille moyenne, dont les fleurs composées mauves
apparaissent en automne. Adaptée à tous les types d'endroits.

Mauve musquée *(Malva moschata)*
Vivace de taille moyenne aux grosses fleurs rose clair.

Œillet à delta *(Dianthus deltoides)*
Vivace formant de petits coussins avec une multitude de fleurs
rose fuchsia. Convient également aux jardinières.

Œillet des chartreux *(Dianthus carthusianorum)*
Poussant en touffes, cette vivace possède de belles fleurs roses
au bout de longues tiges.

Salicaire commune *(Lythrum salicaria)*
Haute et allongée, cette vivace porte de longues inflorescences
roses. Pour les endroits humides à très humides.

Trolle *(Trollius europaeus)*
Belle plante sauvage aux fleurs dorées en forme de grosse boule.
Pour les rives de plans d'eau.

Vipérine commune *(Echium vulgare)*
Vivace de hauteur moyenne aux superbes fleurs bleues.
Pour les sols sablonneux, rocailleux ou argileux.

Pour une exposition ensoleillée ou mi-ombragée :
Aconit napel *(Aconitum napellus)*
Vivace rare, haute et allongée, avec des inflorescences bleues
tirant sur le violet. Pousse avant tout sur les sols riches et
humides.

Ancolie commune *(Aquilegia vulgaris* var. *vulgaris)*
Vivace de taille moyenne, avec des fleurs élégantes qui peuvent
aller du bleu au rose, en passant par le blanc et le violet foncé.

Ancolie noirâtre *(Aquilegia atrata)*
Vivace de taille moyenne aux étonnantes fleurs noir violacé.

Antennaire, pied-de-chat *(Antennaria dioica)*
Vivace basse qui pousse en touffes, avec des fleurs roses au bout
de courtes tiges. Pour les sols sablonneux ou caillouteux.

Coquelicot *(Papaver rhoeas)*
Belle annuelle de taille moyenne, avec de grandes fleurs
rouge vif.

Gesse tubéreuse *(Lathyrus tuberosus)*
Vivace grimpante aux fleurs rouge rosé, pour les clôtures,
les murs et les balcons.

Grande astrance *(Astrantia major)*
Vivace très décorative, de taille moyenne, qui pousse tout droit,
avec de grandes fleurs en ombelles aux tons rouge et blanc.
Pour les sols frais et argileux.

Inule hérissée *(Inula hirta)*
Vivace de taille moyenne aux fleurs composées jaunes.
Pour les sols secs et rocailleux.

Lychnis fleur de coucou *(Lychnis flos-cuculi)*
Vivace de taille moyenne, dont les fleurs roses se composent
de longs pétales en forme de fines lanières. Pour les sols très
humides.

Nielle des blés *(Agrostemma githago)*
Annuelle fine, qui pousse tout droit, avec des fleurs pourpres.

Œillet *(Dianthus gratianopolitanus)*
Vivace qui forme des touffes et possède de grandes fleurs roses.
Pour les sols rocailleux ou sablonneux.

Œillet à plumet *(Dianthus superbus)*
Vivace de taille moyenne aux fleurs parfumées, roses et
effilochées.

Ornithogale en ombelle *(Ornithogalum umbellatum)*
Plante à bulbe basse, avec de petites fleurs en forme d'étoile
d'un blanc immaculé.

Petite pervenche *(Vinca minor)*
Herbacée pérenne qui couvre le sol et dont les fleurs vont du
bleu au mauve.

Salsifis des prés *(Tragopogon pratensis)*
Vivace aux fleurs composées jaunes, qui forme de gigantesques
aigrettes.

Saponaire officinale *(Saponaria officinalis)*
Vivace de taille moyenne, avec de belles fleurs parfumées de
couleur blanc rosé. Pour les sols frais.

Thym serpolet *(Thymus serpyllum)*
Vivace basse qui pousse en coussinets, avec des stolons et de
minuscules fleurs mauves.

Pour une exposition ombragée :
Barbe-de-bouc *(Aruncus dioicus)*
Belle vivace aux fleurs de couleur blanche à jaunâtre, pour les
endroits frais à humides.

Des plantes résistantes

Au jardin, les limaces jouent le rôle de gendarme de la propreté et de la santé. Avec leur odorat très développé, elles repèrent les plantes affaiblies à dix lieues à la ronde, puis elles les éliminent impitoyablement. Il faut donc être particulièrement attentif aux plantes abîmées ou affaiblies.

Bien planter

Beaucoup de plantes seraient encore de ce monde si nous avions pris quelques précautions en les plantant.

Lorsqu'on repique un jeune plant, on l'abîme souvent au niveau de la partie aérienne ou des racines, même si ces blessures sont à peine visibles à l'œil nu. Or toute blessure entraîne la formation de pourriture. Aussi, avec leur excellent odorat, les limaces trouveront fatalement cette plante. Et tant qu'elles y sont, pourquoi ne feraient-elles pas aussi un sort à ses voisines ?

Mieux vaut donc ne pas repiquer vos jeunes plants directement au jardin. Ils peuvent rester dans un pot, dans un environnement protégé, jusqu'à ce qu'ils aient eu le temps de se refaire une santé.

Lorsque vous décidez de les installer à leur place définitive, sortez-les précautionneusement de leur pot. Faites bien attention à laisser les racines intactes et à ne pas plier ni déchirer les feuilles.

Vous pouvez parsemer de la poudre de roche autour des jeunes plants que vous venez d'installer. Elle repoussera les limaces, mais elle ne fera effet qu'à court terme, et par temps sec.

Le bon emplacement

Toutes les plantes ont des besoins spécifiques en matière d'environnement, auxquels il faut absolument répondre pour qu'elles soient en bonne santé et vigoureuses.

Il faut donc les installer à un endroit qui leur convient. Les plantes qui ont besoin de soleil, comme les poivrons ou les concombres, iront à un emplacement ensoleillé, sur un sol riche. D'autres aiment les endroits plus austères, avec un sol caillouteux ou sablonneux. C'est notamment le cas de fleurs sauvages comme la vipérine commune ou l'œillet des chartreux. Dans une terre riche, elles montent rapidement en graines et ne donnent pas beaucoup de fleurs.

Par ailleurs, préférez les cultures mixtes à la monoculture. D'une part, les limaces se disperseront. D'autre part, des plantes qui vivent en bon voisinage se renforcent mutuellement et se développent plus sainement. Il existe des sites Internet et des livres expliquant quelles plantes font bon ménage en culture mixte.

Il est possible, de manière exceptionnelle, d'intercaler des rangées de cresson, de moutarde ou d'œillets d'Inde entre d'autres cultures pour détourner les limaces de ces dernières, jusqu'à ce qu'elles soient suffisamment grandes pour leur résister. Cependant, comme ces plantes attirent de nouvelles limaces, à terme, il faut absolument les retirer.

Les bons apports nutritifs

Des plantes bien nourries sont plus fortes et en meilleure santé que celles qui ne le sont pas, et elles intéressent donc moins les limaces. Renseignez-vous sur les besoins nutritifs des plantes de votre jardin. Celles dont les besoins nutritifs sont très importants, comme les tomates, les choux ou les courges, doivent être plantées dans une terre riche, même lorsqu'elles sont sous serre. Cela évite qu'elles s'affaiblissent et deviennent vulnérables aux limaces comme aux autres prédateurs du jardin. Le compost contient tous les éléments nutritifs dont vos plantes ont besoin. Il suffit d'incorporer quelques grosses poignées de compost tamisé dans la terre.

Le bon engrais

○ Pour apporter les éléments nutritifs nécessaires à vos plantes et amender le sol de votre jardin, rien de tel que le compost, le fumier composté, l'humus, l'humus d'écorce, la poudre de roche, l'argile en poudre, les engrais verts ou encore le purin végétal, ce dernier étant indiqué pour une première fertilisation des plantes aux besoins nutritifs très importants.

○ Si le fumier est parfait pour les plantes ayant de gros besoins nutritifs, malheureusement, il attire les limaces par régiments entiers. Mieux vaut donc composter le fumier frais avant de l'utiliser, et ne pas oublier de l'épandre dès la fin de l'été, avant qu'il ne contienne des œufs de gastéropodes (voir page 60). Une fois composté, le fumier peut être stocké, bien couvert, pour servir à d'autres époques de l'année.

○ Les sols légers s'améliorent avec de l'argile en poudre. Pour les sols lourds, choisissez de la poudre de roche ou du sable.

○ Les engrais minéraux sont à éviter, car ils transforment nos plantes en plateaux-repas parfaits pour les limaces. En cas d'apport excessif en azote, les végétaux grandissent mal et s'étiolent. Ils forment alors des tissus mous, pour le plus grand bonheur des limaces, qui s'en lèchent d'avance les babines.

Le purin végétal

Les « mauvaises herbes » poussent partout. Une fois vos plates-bandes désherbées, vous pouvez les utiliser de manière judicieuse en les mettant à tremper dans de l'eau, dans un récipient en plastique ou en faïence. Le purin végétal le plus connu est celui d'ortie, qui constitue un excellent engrais.

Mais le purin végétal frais contient trop d'azote, ce qui, comme nous venons de le voir, fragilise les plantes et en fait des proies faciles pour les limaces. De plus, son odeur putride attire les gastéropodes en masse.

Le mieux est de laisser le purin fermenter jusqu'à ce qu'il devienne inodore. Il contiendra moins d'éléments nutritifs, certes, mais vous pourrez l'utiliser sans que les limaces le remarquent. Le purin doit être légèrement dilué avec de l'eau. Résultat : un engrais modérément riche en azote, parfait pour donner un petit « coup de fouet » à la plupart des plantes de nos jardins.

Les engrais verts

Les engrais verts sont également excellents pour amender le sol et stimuler les cultures. Il s'agit de plantes que l'on sème sur de grandes surfaces avant ou après une culture. Les engrais verts ameublissent le sol en profondeur et, une fois morts, ils lui restituent de la matière organique nutritive.

En cas de problème de limaces, il faut toutefois faire attention à quelques points non négligeables.

❍ Comme les grandes étendues couvertes d'engrais verts sont des jardins d'Éden pour les limaces, mieux vaut éviter d'en planter au printemps, avant la culture principale.

❍ À l'automne, choisissez des plantes qui n'ont pas les faveurs des limaces, comme le trèfle blanc, la phacélie (qui attire les abeilles) ou la mâche. Faites attention à ne pas semer trop dense, pour que l'air circule bien entre les plants. La mâche, qui résiste à l'hiver, peut être coupée au printemps suivant et mise au compost. Gardez-vous de l'incorporer à la terre au moment de la coupe : vous feriez le bonheur des limaces qui vivent dans le sol.

❍ D'une manière générale, évitez la moutarde blanche, qui fait partie des aliments favoris de nombreuses espèces de limaces.

Bien arroser

❍ Arroser son jardin le soir ou irriguer généreusement de grandes surfaces du potager est certes un plaisir lors des chaudes journées d'été, mais c'est bien la dernière chose à faire en cas d'invasion de mollusques. Vos hôtes hygrophiles, qui sont avant tout actifs la nuit, ne pourront que se réjouir si vous leur déroulez ainsi le tapis rouge, sous la forme d'un sol douillettement humide. Et ils s'empresseront d'aller en nombre faire bonne chère sur vos plates-bandes. En revanche, s'ils trouvent un sol bien sec, leur champ d'action sera nettement réduit, même la nuit. Le mieux est donc d'arroser le jardin au petit matin, le plus tôt possible, pour que le sol soit de nouveau sec à la tombée de la nuit.

○ Par ailleurs, nous vous recommandons d'arroser vos plantes une à une, de manière ciblée, plutôt que de mouiller la totalité du sol, voire d'utiliser un arroseur. Mouillez directement le sol, au niveau des racines de la plante. Autre méthode qui a fait ses preuves : enterrez à côté des racines un pot en terre cuite, ou tout autre récipient dont le fond est percé d'un trou, et emplissez-le d'eau au moment de l'arrosage ; l'eau pénétrera progressivement dans la terre sans mouiller tout le sol. Il est aussi possible de percer un tuyau en caoutchouc de petits trous et de légèrement l'enterrer sous la surface de la terre, en laissant dépasser les extrémités. Vous pourrez le remplir d'eau à n'importe quel moment et ainsi arroser vos plantes quand vous le voulez.

Des plantes qui résistent à la sécheresse

Un sol humide attire les limaces et les escargots de toutes parts, comme par magie. Même si ceci peut sembler difficile à croire, il est possible d'« éduquer » nos plantes pour qu'elles s'en sortent avec moins d'eau, et que le sol reste sec plus longtemps.

Si vous parvenez à faire pousser vos petites protégées en leur donnant aussi peu d'eau que possible, elles supporteront mieux les périodes de sécheresse une fois qu'elles seront grandes. Car les plantes qui sont rarement arrosées déploient un système racinaire étendu, lequel leur permet de survivre à la sécheresse bien plus longtemps que leurs cousines trop servies en eau.

En tout cas, n'oubliez pas cette règle d'or : mieux vaut arroser une fois de temps en temps en profondeur qu'un peu tous les matins.

Un sol peu accueillant

Prendre soin du sol peut également aider à juguler une invasion de limaces. Cela agit avant tout sur les espèces qui prennent leurs quartiers sous la surface de la terre, comme les limaces agrestes et les limaces des jardins.

Ô combien perfides, ces créatures vivent cachées, sans que nous remarquions leur présence. Elles ne s'aventurent à la surface de la terre que s'il pleut. Mais en cas de pluie, ce sont des régiments entiers de limaces qui font soudainement surface et les jardiniers innocents, qui ne se doutaient de rien, sont au bord de la crise de nerfs. Là encore, il faut garder son calme, élaborer un plan, puis contre-attaquer sereinement. Non, pas avec la pelle ! Allez plutôt chercher une binette, un croc et un râteau.

Bêcher, ameublir, biner

Il est vrai que les limaces qui vivent sous terre sont particulièrement difficiles à contrôler. Durant des jours, voire des semaines, tout va pour le mieux, nos belles plantes grandissent et s'épanouissent. Puis d'un jour (pluvieux) à l'autre, nos plates-bandes se font purement et simplement raser. Les traces de morsure sur les quelques misérables bouts de plantes qui restent nous indiquent sans doute possible que les coupables sont des limaces.

En l'occurrence, il s'agit même indubitablement de limaces agrestes. Car seule cette espèce apparaît aussi soudainement et massivement. On a parfois du mal à croire qu'elles puissent vivre en aussi grand nombre sous nos chères fleurs, alors qu'à la surface, tout semble en ordre et fait pour que les gastéropodes aillent voir ailleurs.

Hélas, la réalité est tout autre. Les limaces agrestes vivent jusqu'à une profondeur de trente centimètres. Elles profitent des moindres trous et crevasses pour se déplacer dans le sol, où elles se nourrissent de racines, de tubercules, de bulbes et de débris de végétaux morts. Nous en arrivons ainsi à la première grande règle à respecter pour lutter efficacement contre les limaces agrestes : **ne jamais incorporer de végétaux morts à la terre !**

Les jardiniers adeptes des méthodes biologiques sont les principaux partisans de cette pratique qui consiste à mélanger des déchets verts avec la terre, car une fois enterrés, les végétaux se transforment vite en humus fertile, à la grande joie de nos plantes. Malheureusement, ils font aussi le bonheur des limaces qui vivent sous terre, dont ils constituent une bonne part de l'alimentation. Autre inconvénient de taille : en se dégradant, ils forment dans les couches supérieures du sol des cavités à l'intérieur desquelles les limaces viennent se loger.

Cela nous amène à la règle numéro deux : **biner et ameublir le sol aussi souvent que possible !**

Si l'on bine et ameublit régulièrement le sol, on affine les agrégats de terre et on lisse la surface, ce qui est fâcheux pour les limaces qui vivent sous terre : elles ne trouvent plus de cavités où se réfugier et n'ont plus qu'à aller chercher un nouveau logis ailleurs.

Les outils utilisés pour travailler le sol ont leur importance. La binette à deux dents est très utile. Facile à manier, elle permet de tourner facilement autour des plantes sans les blesser. Le croc, le râteau et le brise-mottes sont aussi très pratiques pour émietter le sol et en supprimer les cavités.

En revanche, les pioches et les griffes à une dent sont à proscrire, car elles laissent dans le sol des trous et des sillons profonds – des abris idéaux pour les limaces. De même, lorsqu'on bêche ou qu'on travaille le sol en profondeur avec une fourche, on crée des fissures plus ou moins profondes, dont les limaces profitent pour s'y réfugier ou y pondre leurs œufs.

La règle numéro trois est donc la suivante : **ne travailler le sol en profondeur qu'à la fin de l'automne, après les premières gelées !**

Il faut en effet attendre la fin de l'automne, c'est-à-dire à peu près fin novembre, car à cette période de l'année, les limaces ont fini de pondre. En travaillant le sol en profondeur, on déterre parfois leurs œufs, qui sont ramenés à la surface. Le gel ou des oiseaux affamés en auront vite raison. De plus, par fortes gelées, les mottes de terre compactes sont un peu plus faciles à casser.

Si vous possédez des poules, laissez-les gambader immédiatement après sur la zone que vous venez d'ameublir. Elles trouveront en un rien de temps tous les œufs de limaces qui vous avaient échappé.

Autres astuces

Le paillis

Pailler est-il une bonne idée pour lutter contre les gastéropodes ? N'avons-nous pas dit plus haut qu'en utilisant un paillis, on fait le jeu des limaces, car on leur fournit un abri et de la nourriture à foison ?

Oui, d'une manière générale, c'est vrai. Mais il existe des exceptions : dans certaines conditions, un paillis peut aider à tenir en respect les limaces.

Premièrement, le paillis doit être posé en fine couche. Deuxièmement, il doit être constitué d'une matière dont les limaces ne se nourrissent pas. Les matériaux suivants ont fait leurs preuves :
- fougères ;
- aiguilles d'épicéa ;
- soucis ;
- branches de tomates ;
- roseaux broyés.

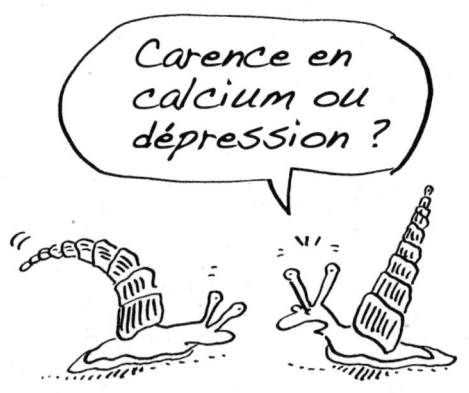

Ces matériaux doivent être répandus en fine couche entre les plantes. Les limaces n'aiment pas se déplacer sur des matières piquantes ou coupantes comme les aiguilles d'épicéa ou les broyats de roseaux. Et elles détestent l'odeur des soucis comme celle des tomates. En complément, vous pouvez parsemer de la poudre de roche sur le paillis.

De même, si vous mettez une couche de paille autour de vos fraisiers, faites bien attention à ce qu'elle soit fine pour éviter qu'elle ne se transforme en repaire à mollusques.

D'une manière générale, les couches épaisses de tontes de gazon sont à proscrire, car l'herbe tend à se coller et donc à former des abris à limaces.

Le purin végétal

Il existe des odeurs dont les limaces ont horreur. C'est le cas de celle du purin végétal. Après l'avoir un peu dilué, arrosez-en vos plantes favorites. Résultat : les limaces auront du mal à percevoir l'odeur des plantes qu'elles aiment. Notez qu'il faut attendre quelques jours avant de réitérer cette ruse.

Les purins végétaux qui font fuir les limaces

Pour réaliser un purin végétal antilimaces, vous avez le choix entre les plantes suivantes :
- ○ gourmands de tomates ;
- ○ feuilles de rhubarbe ;
- ○ fougères ;
- ○ bégonias ;
- ○ cassis ;
- ○ sureau ;
- ○ lierre ;
- ○ lavande ;
- ○ absinthe ;
- ○ achillée.

Broyez grossièrement ces plantes et laissez-les macérer dans l'eau environ trois jours. Dilué dans le même volume d'eau, le purin peut ensuite être versé sur les cultures à protéger. Ceux qui voudront bien s'en donner la peine pourront filtrer le purin dilué pour ensuite le vaporiser sur les plantes.

Sachez que
- ○ la mousse,
- ○ le compost
- ○ et les pommes de pin produisent aussi un purin qui tient efficacement les limaces à distance

La silice de corne

L'efficacité de la silice de corne pour faire fuir les limaces n'est pas clairement démontrée. Les expériences et les témoignages sont encore trop rares pour que l'on puisse en tirer des conclusions définitives. Pour obtenir cette préparation biodynamique, on emplit une corne de vache avec de la silice en poudre, puis on l'enfouit dans la terre, où elle doit rester pendant un été ou un hiver. Au terme de ce délai, on déterre la préparation et on la dilue avec de l'eau. Elle peut ensuite être pulvérisée en doses très faibles sur les cultures.

En règle générale, elle est vaporisée directement sur le sol. Ses partisans pensent que son effet dépend grandement des énergies que l'on met dans la solution de silice de corne. De plus, la faculté qu'elle posséderait de stocker et de transmettre l'énergie lumineuse doit montrer aux limaces qu'elles ne sont pas en terrain favorable. Selon ces théories, ces petites bêtes nocturnes qui aiment l'obscurité lèveront le camp en masse pour aller tenter leur chance ailleurs.

Les nématodes

Le nématode *Phasmarhabditis hermaphrodita* est une filaire (ver filiforme) à peine visible à l'œil nu qui parasite les limaces. Il est naturellement présent dans le sol, mais il s'achète également dans le commerce.

Les nématodes du commerce sont livrés sous forme de préparation sèche. Il suffit de la dissoudre dans l'eau et de verser la solution obtenue directement sur le sol. Cette méthode est avant tout recommandée pour lutter contre les limaces qui vivent sous terre, comme les limaces agrestes et les limaces des jardins.

Les nématodes pénètrent dans le corps des limaces par l'orifice respiratoire. Une fois à l'intérieur, ils produisent une bactérie qui finit par provoquer la mort de leur hôte. Les limaces tuées par un nématode se reconnaissent à leur manteau gonflé.

Malheureusement, les nématodes ne font effet que pendant six semaines environ, et ils ne s'attaquent pas ou presque pas aux *Arionidae*, si difficiles à combattre. De plus, cette approche ne prend pas le mal à la racine, mais ne fait qu'en traiter un symptôme. On en arrive donc à la conclusion que cette méthode coûteuse n'est peut-être guère opportune. De fait, elle n'apporte pas de résultats à long terme.

SOS limaces : les gestes de premier secours en cas d'invasion

Vous êtes victime d'une invasion soudaine de limaces dans votre jardin ? Pas de panique ! Les méthodes efficaces à long terme demandent un peu de temps et de patience. En attendant, voici une liste de trucs qui marchent tout de suite.

○ Ramassez les limaces au petit matin (ou la nuit), puis allez les relâcher dans la forêt.

○ Posez des bordures et des collerettes autour de vos plantes en danger. À l'intérieur des zones ainsi protégées, placez des abris, puis ramassez les limaces qui s'y sont réfugiées.

○ Parsemez généreusement de la poudre de roche, de la sciure de bois ou du sable autour des cultures sur lesquelles les limaces ont mis le grappin ; vous empêcherez ainsi toute attaque massive.

○ Vaporisez du café dilué sur le sol autour des plantes.

○ Utilisez du gel ou des granulés à base d'acides gras naturels.

○ N'arrosez que le matin, et sans en mettre partout !

○ Aménagez des petits points d'eau peu profonds répartis dans tout le jardin. L'eau aide les prédateurs des limaces à les avaler.

○ Renoncez immédiatement aux engrais minéraux !

○ Paillez vos plates-bandes avec une fine couche de matériaux antimollusques – fougères, aiguilles d'épicéa, soucis, branches de tomates – ou arrosez-les de purin végétal – gourmands de tomates, feuilles de rhubarbe, fougères, bégonias, cassis, sureau, mousse.

○ Ameublissez aussi souvent que possible le sol entre vos plantes et lissez bien la surface.

○ Éclaircissez un peu les zones trop touffues, pour que le soleil et la lumière puissent balayer le sol entre les plantes.

Achevé d'imprimer à mars 2014.